Emil Frank

Zur Statistik und Behandlung der Querbruche der Patella

Emil Frank

Zur Statistik und Behandlung der Querbruche der Patella

ISBN/EAN: 9783743451896

Hergestellt in Europa, USA, Kanada, Australien, Japan

Cover: Foto ©berggeist007 / pixelio.de

Manufactured and distributed by brebook publishing software
(www.brebook.com)

Emil Frank

Zur Statistik und Behandlung der Querbruche der Patella

Zur Statistik und Behandlung der Querbrüche der Patella.

Inaugural-Dissertation

zur

Erlangung der Doctorwürde

in der

Medicin, Chirurgie und Geburtshülfe,

welche

nebst beigefügten Thesen

mit Zustimmung der Hohen Medicinischen Fakultät
der Königl. Universität zu Greifswald

am

Montag, den 22. August 1887,
Mittags 12¼ Uhr,

öffentlich verteidigen wird

Emil Frank

aus Kamin (Pommern).

Opponenten:

Carl Argo, cand. med.
Fritz Glasow, cand. med.

GREIFSWALD.
Druck von F. W. Kunike.

Manibus Matris.

Die Aufgabe der Behandlung der Knochenbrüche ist eine Wiederherstellung ad integrum. Man kann wohl sagen, dass dieses Endziel bei der grossen Mehrzahl aller Knochenbrüche heutzutage leicht erreicht wird. Nur einzelne Fracturen haben von je her ganz besonders den Scharfsinn und die Geschicklichkeit der Chirurgen herausgefordert. Zu diesen gehört in allererster Linie der Querbruch der Patella. Es giebt kaum einen berühmten Namen in der Geschichte der Chirurgie, der nicht mit der Entwickelnng der Behandlung der Patella-Fracturen irgendwie verknüpft wäre. Es wäre absurd, eine Unkenntniss oder Ungeschicklichkeit seitens der Aerzte anzunehmen; der Grund der Schwierigkeit muss daher in der Art und Weise der Fractur selbst und in ihren Folgezuständen liegen. Um denselben zu verstehen, sei es gestattet zunächst einen kurzen Abriss der Entstehung der Fractur zu geben mit Zugrundelegung der anatomischen Verhältnisse.

Unter der zweiblättrigen oberflächlichen Fascie [liegt die eigentliche fibröse Fascie, welche sich, unterhalb und seitlich vom äusseren Rande der Patella, an die seitlichen Fasern der Sehne des Quadriceps, an die hintere seitliche Wand des Lig. pat. propr. und von hier zu den Seitenbändern, an das Periost der Tibia, seitwärts von deren Tuberositas, anheftet und in die Fascia cruris übergeht. Unter der Fascie folgt eine fibröse Membran, welche den Sehnenbündeln des Quadriceps aufliegt und auf den Unterschenkel übergeht. Unter ihr liegt endlich die breite Sehne des Quadriceps selbst, welche sich an der Vorderfläche und den Seitenrändern der Patella inserirt und einen oberflächlichen Theil der Fasern über die Patella hinweg in das Periost des Unterschenkels schickt. Das Lig. pat. propr. ist die directe Fortsetzung der

Endsehne des Quadriceps auf die Tibia, mittelst deren er den Unterschenkel zu strecken vermag. Medianwärts liegen fibröse Faserzüge, als Verbindungsfasern des Vastus internus mit der Tibia (Luschka nennt sie direct das Tibial-Ende der Aponeurose des Vastus internus), und lateralwärts endlich kommen fibröse Einlagerungen von der Fascia lata her, in welcher sie' sich weit herauf verfolgen lassen (tendon du faisceau der Franzosen), und inseriren an der Tibia.[1])

Die .Fracturen der Patella, welche Malgaigne[2]), Bardeleben[3]), Hueter[4]) auf 2 %, Gurlt[5]) auf 1,35% aller Fracturen schätzen, können entweder directe oder indirecte sein, je nach der Art der Entstehung — erstere sind seltener —, oder Längs-, Quer-, Comminutiv-Brüche, je nach der Form. Die verrufensten, weil am schwierigsten zu behandelnden, sind die Querbrüche. Dieselben können auch directe sein; Albrecht[6]) nennt diese sogar die häufigsten, Hueter dagegen nennt die Querbrüche durch Muskelzug die in der Mehrzahl der Fälle eintretenden. Letzteres meinen auch Bardeleben und König.[7]) Auch Malgaigne[8]) sagt:

„Am häufigsten bricht die Kniescheibe unter dem „Einflusse einer heftigen Muskelanstrengung in die „Quere."

Ebenso Lossen[9]), der die Lehre der Patellarfracturen mit den Worten beginnt:

„Reisst eine plötzliche, gewaltsame Contraction des „Quadriceps femoris die Patella über das gebeugte

---

1) Hyrtl, Lehrbuch der Anatomie. 1835. v. Bergmann, Ein Vorschlag zur Behandlung veralteter Querbrüche der Patella. Deutsche med. Wochenschrift. 1887. No. 1.

Hoppe. Ueber den Streckapparat des Unterschenkels und die Behandlung der Querbrüche der Kniescheibe. Jnaug. Diss. Greifswald 1887.

2) Malgaigne, Knochenbrüche, 1850.

3) Bardeleben, Lehrbuch der Chirurgie, 1880, S. 512.

4) Hueter, Grundriss der Chirurgie, 1884

5) Gurlt, Deutsche Klinik, Jahrgang 1857.

6) Albrecht, Lehrbcuh der Chirurgie, 1880, IV.

7) König, Lehrbuch der spec. Chirurgie, 1878.

8) Malgaigne, l. c. S. 726.

9) Lossen, Die Verletzungen der unteren Extremitäten, in der „Deutschen Chirurgie", Lief. 65, 1880, S. 147.

„Knie nach oben, so giebt zuweilen der Knochen
„nach, es entsteht eine Fractur der Kniescheibe, . . . die
„directen Fracturen bilden entschieden die Minderzahl."
Ferner v. Bergmann[1]):
„Je besser man die Querfracturen der Patella . . . stu-
„dirt hat, desto fester ist man auch, trotz entgegenstehen-
„der Angaben der Kranken und ihrer Aerzte, in der
„Ueberzeugung geworden, dass die Mehrzahl derselben
„sogenannte Rissfracturen sind."
Man muss sich die Entstehung der Fractur durch Muskelzug folgendermassen denken: Ein Individuum gleitet nach
vorn aus und ist in Gefahr hintenüberzufallen; instinctiv
sucht es dem vorzubeugen dadurch, dass es den Oberkörper
nach vorn wirft. Hier geben die Beine die festen Punkte
ab, der thätige Muskel ist daher der Quadriceps, der sich mit
seinem Rectus cruris an die Darmbeinschaufel inserirt. Er
wird mit möglichster Anstrengung contrahirt, d. h. seine
beiden Ansatzpunkte, die Darmbeinschaufel und die Kniescheibe, werden möglichst zu nähern gesucht; die bewegliche
Kniescheibe folgt dem Zuge und gelangt auf die Condylen
des Oberschenkels, auf denen sie reitet. Jetzt kann Ver-
schiedenes eintreten. Entweder der Quadriceps vermag den
Fall nicht zu verhindern, und der Mensch fällt hintenüber;
oder er ist kraftvoll genug, um die noch nicht zu grosse
Hyperextension der Wirbelsäule zu redressiren, und der
Mensch hält sich aufrecht; oder endlich, es tritt an einer
Stelle eine Zerreissung ein, am seltensten im Muskel selbst
als wahre Myorhexis, etwas häufiger reisst das Lig. pat. propr.
ab — entweder an seiner patellaren Insertion, seltener an
der tibialen, nur wenige Beobachtungen liegen vor über seine
quere Durchreissung —[2]), weitaus am häufigsten jedoch bricht
die Patella selbst quer durch; gleich wie ein über das Knie
gebogener Stab durch immer stärkeren Zug an den beiden
Enden endlich durchbricht, so muss die auf den Condylen
reitende Patella bei einem Uebermaass des Zuges des Quadri-

1) l. c. S. 2.
2) M a y d l. über subcutane Muskel- und Sehnenzerreissungen, sowie
Rissfracturen. Deutsche Zeitschrift für Chirurgie, Bd. XVIII.

ceps nach oben und des Lig. pat. propr. nach unten endlich quer durchbrechen.

Die Diagnose der Patellarfractur ist im Allgemeinen leicht. Die Diastase der Fragmente, der Hämarthros, die Unmöglichkeit das Bein aus der Beugung in die Streckung überzuführen gegenüber der Möglichkeit, den in Streckung verharrenden Fuss weiter zu setzen, geben sicheren Anhalt.

Die Prognose ist, quoad vitam, durchaus günstig, quoad functionem, bisher ungünstig gewesen; erst in der neuesten Zeit haben einige Erfahrungen und vor Allem die Antisepsis die Prognose günstiger gestaltet.

Ueber den Grund der Schwierigkeit der Behandlung sind mancherlei Ansichten aufgestellt; das Wahrscheinlichste ist, dass hier, wie überall, die Wahrheit in der Mitte liegt. Der Bruch kann nämlich entweder ein Bruch nur der Knochensubstanz der Patella sein, oder er ist combinirt mit Zerreissungen der fibrösen Kapsel und der Ausstrahlungen der Quadriceps-Sehne, oder es betheiligen sich an den Zerreissungen auch noch die Seitenbänder. Die Schwierigkeit einer vollständigen Restitutio wird nun, wie schon Ambroise Paré um 1580 genau gewusst hat, darin gesucht, dass die sofort eintretende Diastase der Fragmente, wegen der Contractur des Quadriceps, so sehr schwer zurückzubilden ist. Hier ist übrigens die Bemerkung Verneuil's am Platze, die er in der Pariser „Société de Chirurgie" 1883 machte, dass die directe Gewalt niemals die Tendenz zur Diastase der Fragmente gebe. Ein fernerer Grund liegt darin, dass der Hämarthros das Gelenk stark ausdehnt, die Fragmente in der nächsten Zeit nach der Fractur noch mehr von einander entfernt, und sich Coagula desselben zwischen die Fragmente legen, ferner darin, dass die grosse Menge des Ergusses direct eine langsame Resorption bedingt und das lange im Gelenk lagernde Blut zu einer Erschlaffung der Gelenkkapsel führt mit consecutivem chronischem Hydrarthros, der sogar aus der serösen Form in die hyperplasirende Synovitis übergehen kann, welche ihrerseits Adhäsionen in den Synovialfalten, selbst Verwachsungen der Knochen bedingen kann. Auf diese Ursache der Verhinderung der knöchernen Vereinigung machen besonders die Anhänger der — später zu erwähnenden — Punktionsbehandlung aufmerksam. Die letztere Eventualität wird übrigens jetzt von den meisten Chirurgen stark bezweifelt. Ein fernerer Grund, auf welchen Hueter und Koenig grosses Gewicht legen, den auch schon A. Cooper auf Grund von Thierversuchen voranstellt, nämlich die Geringfügigkeit der Callus-Bildung, wegen zu grosser Gefässarmuth des Periostes, das nur die vordere Fläche der Patella überzieht, und daraus resultirender zu geringer Knochenproductionsfähigkeit der Patella, wird von anderer Seite bestritten, z. B. von Lossen,[1]) der die Heilung der Längs- und Splitterbrüche, die stalaktitenartigen Auswüchse bei fibröser Vereinigung, die Regeneration nekrotisch abgestossener Patellarfragmente nach complicirter Fractur dagegen ins Feld führt. Dagegen sprechen auch die Heilungsresultate der Volkmann'schen Kniegelenksresection, bei welcher die Patella quer durchsägt wird, nach welcher, fast ausnahmslos, eine knöcherne Vereinigung zu Stande kommt. Im Jahre 1883 hat Macewn[2]) noch auf einen anderen Factur hingewiesen als Ursache des Ausbleibens der knöchernen Vereinigung; er sah nämlich mehrfach Fälle, in welchen weder die Contractur des Quadriceps noch ein Erguss im Kniegelenk vorlagen, und in denen dennoch die Fragmente sich nicht wieder knöchern vereinigten. Bei der Leiche eines Verunglückten, der sich unter anderem auch eine Patellarfractur zugezogen hatte, hatte sich das **fibröse Gewebe, welches den Knochen bedeckt, gefaltet und sich mit Theilen der Aponeurose des Quadriceps zwischen die Bruchflächen gelegt;** gleiche Verhältnisse fand er ein Jahr später bei einem Comminutivbruche, bei welchem nicht allein die Fasern der Aponeurose in das Gelenk hingen, sondern sogar ein Stück der zerrissenen Bursa praepatellaris das eine Fragment bedeckte. Unter solchen Umständen ist eine knöcherne Vereinigung natürlich nicht möglich. Nach Macewn giebt M. Wahl[3]) den gleichen

1) l. c. S. 149.

2) W. Macewn, Clinical lecture on fractures of the patella; and on the chief cause of wart of osseous union in transverse fractures and how to obviate it. The Laucet No. 17.

3) M. Wahl, Naht einer Patellarfractur. Deutsch. med. Wochenschrift No. 18—20.

Grund für die Pseudarthrosenbildung an und erwähnt 5 Fälle von Rosenbach, bei denen der Ueberzug der Patella über die Fragmente übergekrempelt war und sich so zwischengelagert hatte.

Erst in neuester Zeit ist die Aufmerksamkeit der chirurgischen Welt auf eine Ursache der mangelhaften Functionsfähigkeit hingelenkt worden, welche wohl die häufigste ist, nämlich die **Parese des Quadriceps** infolge Inactivitätsatrophie desselben.

Ueber die Tragweite der vorher angeführten Gründe für den Misserfolg sind sich noch heutiges Tages die Autoren nicht einig. Einige schreiben der **Diastase der Fragmente** die Hauptschuld zu, sowohl ältere wie neuere Autoren, z. B. Malgaigne[1]), der wörtlich sagt:

„es liegt hier in der That, wenn ich mich nicht täusche,
„die ganze Schwierigkeit in dem bedeutenden Vonein-
„anderweichen der Fragmente",

oder Hueter[2]), welcher sich ausdrückt:

„dass die Diastase der Fragmente die wesentliche
„Schuld an der mangelhaften Heilung trägt, erhellt aus
„den Beobachtungen an Längs- und Splitterbrüchen etc.",

oder Albert[3]) in seinem Lehrbuch:

„Schuld daran (scil. dass sich die queren Patellarfrac-
„turen nicht consolidiren) ist die Dislocatio ad longi-
„tudinem, das Auseinanderweichen der Fragmente",

oder Koenig:

„dies (wenn bei ·den breiten Rissen die Fragmente
„stark auseinandergewichen waren) sind denn auch
„selbstverständlich die Fälle mit functionell schlechter
„Prognose".

u. a. m.

Diesen Autoren stehen andere gegenüber, welche, auf Grund vielfacher Erfahrungen, die nur ligamentöse Vereinigung der Fragmente für völlig irrelevant halten, bezüglich der Functionsfähigkeit des Gliedes. So drückt sich Hamil-

---

1) l c. S. 740.
2) l. c. S. 205, § 472.
3) l. c. S. 473.

ton[1]), „den", wie Brunner sagt, „wir als erste Autorität auf diesem Gebiete anerkennen müssen", sehr klar aus:

„In keinem dieser Fälle ligamentöser Verbindung war „die Gebrauchsfähigkeit des Gliedes wesentlich gestört'; Bryant erwähnt in der Discussion über den Lister'schen Vortrag, mit welchem dieser die antiseptische Knochennaht einführte, 4 Fälle mit vollkommen brauchbarem Bein, trotz einer Diastase von $\frac{1}{2}$—$1\frac{1}{2}$", und er stellt aus dem Guy's-Hospital 32 Fälle zusammen, in denen alle Patienten — bei unblutiger Behandlungsmethode — (bis auf einen, der der Untersuchung sich entzog) ihren Beruf wieder aufnehmen konnten. (Leider war die Nummer der Lancet uns nicht zugänglich, so dass nicht sicher ist, ob in diesen Fällen die Fragmente durch ligamentöse Bindemasse getrennt geblieben waren, aber — höchst wahrscheinlich!) Bei Erläuterung seiner Therapie der Patellarfracturen in der Züricher Klinik sagt Billroth[2]):

„ob eine solche Fractur mit knöchernem Callus geheilt „ist oder mit sehr kurzer Bindemasse, hat für die spä- „tere Function keinen Werth . . ."

Tilanus sagt auf dem französischen Chirurgen-Congress 1885:

„il est certain que la réunion osseuse . . . n'est pas „nécessaire pour faire marcher nos malades."

Brunner[3]) stellt die gesammten Patellarfracturen der Züricher Klinik von 1860–1885 zusammen mit 44 Fällen; darunter befinden sich 31 Querfracturen mit Diastase der Fragmente; 27 von denselben haben fibröse Verbindung der Fragmente, nur 2 haben knöchernen Callus, der eine auch nur theilweise, und über 2 Fälle fehlen die Angaben. Von diesen 31 Patienten können 22 gut gehen; über 5 Fälle, zu denen aber der eine mit knöchernem Callus gehört, fehlen die Angaben über die Function, und nur 4 Fälle haben schlechte Erfolge, und zwar 2 wegen zu hohen Alters, 1 Fall heilt mit

---

1) Knochenbrüche und Luxationen.
2) Chirurgische Klinik. Zürich 1860–1867.
3) Brunner, über Behandlung und Endresultate der Querbrüche der Patella. Deutsche Zeitschrift für Chirurgie, Bd. XXIII, S. 24.

Ankylose, und in 1 Falle hemmt Arthritis deformans die Bewegungen. Diese Erfolge sind ein beredtes Zeugniss, dass die ligamentöse Vereinigung nicht den Grund abgiebt für schlechte functionelle Erfolge.

Auch von Bergmann[1]) ist dieser Ansicht: „ich meine, dass eine sehr grosse Mehrzahl der Quer- „brüche . . . mit relativ guter Function auch dann zur` „Heilung kommt, wenn die Vereinigung der getrennten „Fragmente keine genaue und keine knöcherne ist."

Noch andere Autoren beschuldigen den **Hämarthros** als das hauptsächlichste ätiologische Moment für die schlechten Resultate. Neben anderen sind es besonders Volkmann (seit 1873), Schede (seit 1877), Hutchinson, Koenig, welche behaupten, dass die stets vorhandene Gelenkschwellung und der starke Bluterguss in den ersten 8—14 Tagen die Coaptation der Fragmente vereiteln, und dass daher das Abwarten der Resorption des Ergusses die beste Zeit für die Sicherung einer knöchernen Vereinigung vorübergehen lässt. Dagegen sagt Lossen[2]) wieder ausdrücklich: „die gleichzeitige Gelenkverletzung tritt in den Hinter- „grund, zumal der Bluterguss in das Gelenkinnere ge- „wöhnlich rasch der Resorption verfällt."

An dieser Stelle müssen wir auch Thomas[3]) erwähnen, der hervorhebt, dass er schon seit Jahren zu der Vorstellung gekommen sei, dass eine vollständige Wiederherstellung der Form nach Patellarfracturen nichts bedeutet für die Schnelligkeit der Kur und für die Gebrauchsfähigkeit des Beines, und dass wir in sehr vielen Fällen durch unsere „überängstlichen Behandlungsverfahren" die Wiederherstellung hinderten und eine Verbindung zwischen den Fragmenten von ungenügender Festigkeit herbeiführten, so dass die Fragmente allmählich nach Anfangs scheinbar gutem Resultate weiter auseinandergingen. „Es wurde mir klar, dass Etwas, was bei der Behandlung der Patellarfractur gewöhnlich geschieht,

---

1) l. c. S. 1.
2) l. c. S. 150.
3) H. O. Thomas (Liverpool), The Principles of the treatment of fractures and dislocations. London 1886.

lieber ungeschehen bleiben soll, und dass die beste Behandlung bestehen würde in dem Gebrauch von Mitteln, welche den Modus der Wiederherstellung, wie er durch die Natur allein und ohne Hilfe zu Stande kommt, nur unterstüzen." Die Mannigfaltigkeit und die oft directen Gegensätze in den Ansichten über die Hauptursachen, weshalb kein knöcherner Callus oder — vielmehr — keine functionelle Wiederherstellung erzielt wird, documentiren schon die Verschiedenheit in den therapeutischen Massnahmen; denn wer eine bestimmte Ursache in den Vordergrund stellt, der richtet seine Therapie auch besonders auf die Redressirung der aus ihr resultirenden Schäden.

Bei der Behandlung der Patellarfracturen ist die Differenz der Methoden der vorantiseptischen Zeit und der Zeit nach Einführung der Antiseptik keine so grosse, wie bei vielen anderen chirurgischen Erkrankungen. Bei weitem nicht alle Chirurgen sind dem Vorgange Lister's gefolgt, der die Knochennaht in allen Fällen empfiehlt, in denen man der Antiseptik sicher ist. Auch heute noch wie vor 30 Jahren hat die „unblutige" Methode zahlreiche Anhänger.

Die Therapie lässt sich in mehrere Grundzüge zerlegen, von denen der betreffende Operateur, je nach seinen Anschauungen, diesen oder jenen bevorzugt, nämlich in:

1) die Lagerung des erkrankten Beines,

2) Immobilisation desselben mit Verbänden oder Pflasterstreifen,

3) directe Inangriffnahme der Fractur durch die Malgaigne'sche Klammer oder mit Troicart oder mit Messer,

4) Behandlung des Quadriceps.

Eine andere Eintheilung der Methoden giebt Malgaigne[1]):

Die erste hat die Erzielung der festesten Vereinigung zum Ausgangspunkt: Unbeweglichkeit des Gliedes;

Die zweite sucht die Steifigkeit zu vermeiden: Bewegungen des Kniegelenkes vor Vollendung der Vereinigung;

die dritte sucht beide Vortheile zu vereinigen: gemischte Methode.

---

1) l. c. S. 742.

Von Alters her hat man auf die richtige Lagerung des Beines sein Hauptaugenmerk gerichtet. Das Princip dabei ist, den Quadriceps zu entspannen. Dazu muss das Kniegelenk gestreckt und das Hüftgelenk gebeugt werden, denn dann nähern sich die beiden Ansatzpunkte, die Spina anter. infer. oss. il. und die Spina tibiae, und der Extensor erschlafft. Der Kranke liegt dann horizontal mit dem Rumpf, und das Bein liegt gestreckt ca. 30cm erhöht. Die Streckung des Unterschenkels führten schon P. von Aegina und A. Paré ein, seine Erhöhung J. L. Petit. 1772 machte Valentin darauf aufmerksam, dass die einfache Streckung den Rectus nicht genügend erschlafft, er verlangte noch die Höherlagerung der Ferse und schob stufenweise erhöhte Kissen unter das Bein. — Diese Lagerung, horizontale Lage des Rumpfes und Erhöhung des gestreckten Beines, befolgten die französischen Wundärzte unter dem Vorgange Malgaigne's. Sabatier machte die Erfahrung, dass die stete Streckung unerträglichen Schmerz verursache, und er gab dem Knie eine leichte Beugung, zugleich liess er auf der Seite der Verletzung den Oberschenkel gegen den Leib anziehen, um die Erschlaffung des Rectus zu erhöhen. 1789 führte Sheldon die Aenderung ein, dass er das Knie horizontal streckte und den Oberkörper rechtwinklig zum Schenkel stellte oder sogar vornüberneigen liess; der Patient sass also aufrecht und hatte die Anweisung, bei Unzuträglichkeit dieser Stellung, unter Beibehaltung des Winkels, den Rumpf hintenüberzuneigen und entsprechend den Fuss zu erhöhen. Das aufrechte Sitzen des Kranken im Bett zieht auch C. J. M. Langenbeck d. Ae. vor. Den Mittelweg hält Cooper ein, indem er den Kranken mit etwas erhöhtem Rumpf und mit gleichzeitig schräg aufwärts gerichtetem Beine liegen lässt, so dass also das Becken am tiefsten zu liegen kommt. Diese Lagerung giebt aber oft zu Decubitus am Kreuzbein und an der Ferse Veranlassung. Deshalb empfehlen Viele, wie Bardeleben mittheilt, die Abwechselung dieser Lage mit der Sabatier's.

Da die Diastase der Fragmente früher als Hauptübel angesehen wurde, so handelte es sich nunmehr darum, mit der zweckentsprechenden Lagerung einen Verband zu combiniren,

welcher der doppelten Indication der Streckung des Unterschenkels und der Annäherung der Fragmente genügte. Eine
Uebersicht über die Unzahl von Verbänden zu geben,
welche angegeben worden sind, wäre eine geschichtliche Aufgabe, aber nicht die unsere, welche nur einen Abriss der
Behandlungsmethoden geben will; die Mehrzahl der Verbände
hat auch kaum noch ein historisches Interesse. Fast alle
alten Chirurgen bekannten Namens haben sich an ihnen ver-
sucht. Man lese nur im Malgaigne nach, um zu ahnen,
welche Legion der undankbaren Nachwelt überliefert ist.
Jede der drei Methoden, welche Malgaigne zur Behandlung
der Fractur aufführt, hat ihre Verbandsliteratur. Die Verbände der ersten Methode, welche die Unbeweglichkeit des
Gelenkes bezwecken, sind vertreten durch Meibom, Ar-
naud, Heister, Dupuytren, Petit, Boyer, Velpeau,
Bell, Cooper etc.; die zweite Methode, welche die Steifigkeit des Gelenkes vermeiden will, ist vertreten hauptsächlich
durch englische Chirurgen, weshalb sie auch „die englische
Methode" genannt wird, z. B. Warner, Cooper, Pott,
Flajani. Die dritte, gemischte, Methode heisst nach ihrem
Erfinder auch die Solingen'sche, sie sucht einerseits die Fragmente zusammenzuhalten, andrerseits durch frühzeitige Beugung einer Ankylosirung vorzubeugen. Zu ihr bekennt sich
Malgaigne. — Erwähnenswerth ist von den Verbänden einerseits durch seine historische Berühmtheit der Chiaster, der
jetzt völlig obsolet geworden ist, andrerseits die Testudo genu
inversa, welche noch heute angewandt wird, die Hueter aber
nur als „Unterstützungsmittel für andere Verbände" empfiehlt.
Hamilton schreibt, dass er das auf einem stellbaren Planum
inclinatum simplex gelagerte Knie mit Testudo-Touren ban-
dagire, für deren Kreuzung das Brett in der Kniekehle zwei
Einschnitte trägt.

Zu den Verbänden gehört auch die methodische Anlegung
von Heftpflasterstreifen und Guttaperchaplatten. Erstere werden
noch heute in der Weise angewandt, dass sie oberhalb des
oberen und unterhalb des unteren Fragmentes dachziegelförmig
herumgeführt werden, so dass die Mitte der Kniescheibe frei
bleibt. Das hierbei oft vorkommende Kanten der Fragmente
wird einfach durch einen in der Längsachse des Gliedes in
der Mitte herübergelegten Streifen verhindert.

Wenn wir der von uns ex tempore aufgestellten Ein-theilung folgen, so würde nach der Lagerung und den Ver-bänden jene Methode folgen, mit welcher man die Fragmente direct angreift. Berühmt seit alter Zeit ist die Malgaigne'sche Klammer, jene beiden scharfen Doppelhaken, welche mittelst einer Schraube einander genähert werden können, und welche direct in die beiden Fragmente eingelassen werden. Sie ist in vorantiseptischer Zeit sehr viel in Gebrauch gewesen; die Literatur weist auch genügend Fälle auf, in denen sie zur Vereiterung, Pyämie und Tod führte, resp. wenigstens die dringendste Indication zur Amputatio femoris gab. Wir müssen es aber als der heutigen Entwickelung der Chirurgie und ihrer Hilfsmittel nicht entsprechend bezeichnen, wenn manche Autoren sie heute noch empfehlen. Auch Koenig nennt in seinem Lehrbuch die Klammer „entbehrlich". Wenn in früheren Zeiten unsere Wissenschaft das eine Ziel der möglichsten Restitutio ad integrum, ohne Rücksicht auf den Patienten, im Auge hatte, so ist heute dieselbe auf einem Standpunkte angelangt, welcher sie denselben Zweck nach humaneren Grundsätzen zu erreichen in Stand setzt, und ihr durch die verschiedenartigsten Hilfsmittel nicht allein die Möglichkeit, sondern auch die Pflicht giebt, mit Rücksicht auf den Zustand des Patienten, sein Leiden zu mildern oder zu heben. Und da die heutige Chirurgie uns solche Mittel auch bei den Patellarfracturen an die Hand giebt, schmerzlos gleiche und bessere Erfolge zu erreichen, so ist die Klammer nach un-serer Ansicht aufzugeben. Die mit ihr erzielten Erfolge sind nicht besser, als wie man sie ohne dieselbe erreichen kann, und ihre Anwendung ist mit verschiedenen Nachtheilen verbun-den, einerseits darin bestehend, dass ihre Application und das län-gere Liegen mit grosser Schmerzhaftigkeit und heftigen Ent-zündungen verbunden ist, so dass die Patienten sie auf die Dauer häufig nicht ertragen, andrerseits indem ihre Anwen-dung directe Gefahren herbeiführt nicht blos, wie vielfache Erfahrungen bewiesen haben, für das Knie, sondern auch für das Leben.

Trélat suchte die Verwundung und den Schmerz da-durch zu vermeiden, dass er an die Ränder der Patella zwei modellirte Guttaperchaschienen anlegte und in sie die Haken einliess, dadurch begab er sich aber wieder, wie Lossen[1]) hervorhebt, des ganzen Vortheiles der Klammer.

Wie Malgaigne, so hat auch Dieffenbach's erfinderischer Geist ein Mittel ersonnen, um die Coaptation der Fragmente zu bewirken. Er schlug beiderseits in sie elfenbeinerne oder metallene Stifte ein und näherte diese und mit ihnen die Fragmente einander durch Fadentouren, jedoch ist über dies Verfahren nichts in die Oeffentlichkeit gedrungen. Ollier schlug während des Anlegens eines Gipsverbandes zwei stählerne Pfriemen in die Bruchenden, drängte dieselben gegen einander und entfernte sie wieder, sobald der Gips erhärtet war.

Eine Errungenschaft, welche auf der Antisepsis beruht, ist die directe Eröffnung des Kniegelenkes vermittelst des Troicart's oder durch breite Incision behufs Knochennaht oder durch die Sehnennath (bei Letzterer kann jedoch die Eröffnung auch vermieden werden).

Die Sehnennaht sowohl wie die verwandte peripatellare Naht sind bereits wieder von ihren Erfindern, und zum grössten Theil auch von den anderen Chirurgen aufgegeben worden. Die von Volkmann 1867 eingeführte Sehnennaht besteht darin, dass durch die Quadriceps-Sehne und durch das Lig. pat. eine einfache Fadenschlinge hindurchgezogen wird, deren Enden auf der Patella zusammengeknotet werden; weiterhin wird — um die Fadenschlinge rechtzeitig herausziehen zu können — ein gefensterter Gipsverband angelegt. Volkmann erwähnt im Ganzen 4 derartig operirte Fälle; die Erfolge scheinen ihn nicht genügend befriedigt zu haben, wenigstens finden wir in der uns zugänglichen Literatur keine weiteren Fälle. Dass sie aber sehr wohl ihre guten Erfolge haben kann, hat neuerdings Baum bewiesen, der in 4 Fällen mit ihr eine derartige Heilung erzielte, dass die Patienten nach 5—6 Wochen die Arbeit wieder aufnehmen konnten. Der Volkmann'schen Methode nahe steht die von Kocher beschriebene und angewandte „peripatellare" Naht. Nach der Punktion des Gelenkes und Entfernung des Blutergusses wird mit einer stark gekrümmten Nadel ein doppelter Silberdraht

---

1) l. c. S. 153.

2

vom unteren Rande des unteren Fragmentes zum oberen Rande des oberen Fragmentes hindurchgeführt, die Enden werden auf der Patella geknotet, etwas Krüllgaze wird zwichengeschoben. Zur Vermeidung von Hautfaltungen werden zwischen den Stichöffnungen seichte Incisionen gemacht. Die Methode hat die grosse Gefahr von Haut-Decubitus, und ihre Erfolge — Kocher hat 1884 in einer Dissertation von Oberholzer[1]) 7 derartig operirte Fälle mitgetheilt — sind nicht besser und nicht schlechter als die der übrigen Behandlungsmethoden. Von den 7 Fällen entstand bei zweien eiterige Gonitis, die einmal durch die directe Knochennaht noch aufgehalten wurde, das andere Mal aber zum Exitus letalis führte, in einem dritten Falle entstand Ankylose, in einem vierten geht der Patient mit leichtem Hinken, in einem fünften kann er ohne Stock gehen und nur in zwei Fällen ist das Resultat derart, dass Extension und Flexion annähernd normal ausgeführt werden können. Diese Resultate ermuntern also nicht zur Aufnahme der peripatellaren Naht. In der Literatur finden wir sie auch nur noch in einem von Brunner berichteten Fall aus der Züricher Klinik 1881 ausgeführt, mit immerhin befriedigendem Erfolge, denn der Flexionswinkel betrug nach einem Jahre unter 90°, bei straffer, kurzer, ligamentöser Vereinigung.

Eine „glückliche Vervollkommnung" der Kocher'schen Methode hat Largeau[2]) veröffentlicht, die er die „subcutane Naht" nennt nennt. In der Chloroformnarkose, die die Muskelcontraction aufhebt, nähert ein Assistent die beiden Fragmente, der Operateur stösst eine Hohlnadel von mittlerem Kaliber 3 cm. oberhalb des oberen Fragmentes ein, führt sie **unter** der Patella durch und stösst 3 cm. unterhalb des unteren Fragmentes aus. Nun wird ein langer Silberdraht durch die Hohlnadel hinaufgeschoben und Letztere zurückgezogen. In einem zweiten Tempo wird die Hohlnadel in entgegengesetzter Richtung, von der Spitze nach der Basis zu, oberhalb der

---

1) Oberholzer, über die neuesten Behandlungsmethoden bei querem Bruch der Kniescheibe. Jnaug.-Dissert. Bern 1884.

2) Faculté de médecine de Paris. Thèses pour le doctorat. 1884. Diverneresse, du traitement des fractures transversales de la rotule, S. 12.

Patella. also zwischen ihr und der Haut. hindurchgetrieben, der Silberdraht gefasst und mit der Nadel nach unten durchgezogen. Auf diese Weise umfasst der Silberdraht die Patella in einer Schlinge. In einem 3. Tempo werden dann die Enden zusammengedreht und die Fragmente auf diese Weise zusammengehalten. Ob Mr. Largeau oder ein anderer Chirurg diese Methode schon befolgt hat, ist nicht gesagt.

Im Jahre 1875 hat Volkmann eine neue Behandlungsmethode veröffentlicht. welche — von der Anschauung aus, dass der traumatische Hämarthros mit seiner consecutiven serösen Synovitis die schlechten Heilerfolge bedinge — den Bluterguss sofort nach der Verletzung zu beseitigen strebt, nämlich die Punktion des Gelenkes mit Aspiration der Flüssigkeit. Der gute Erfolg ermunterte zur Nachahmung, und die Literatur weist viele Fälle auf mit gleich gutem. andere mit schlechtem Erfolg. Letzterer wird durch die frühzeitige Gerinnung des Blutes, welche die Aspiration durch den Troicart unmöglich macht, bedingt. So erging es Langenbuch, Lauenstein. Wahl, Koenig. Lücke. Kroenlein, ohne dass der Vorwurf gemacht werden kann, zu lange mit der Operation gewartet zu haben. Schede ist noch einen Schritt weiter gegangen und hat nach Entleerung des Gelenkes dasselbe noch mit 3% Carbollösung ausgewaschen. Bei Mittheilung seines Verfahrens[1]) im Jahre 1877 veröffentlicht er 5 derartig behandelte Fälle. welche recht günstige Erfolge hatten, denn er erzielte in 3 Fällen knöchernen Callus. Er empfiehlt auch deshalb noch die nachfolgende Ausspülung, weil er in diesen Fällen einen reactionslosen Verlauf erhielt, während in den Fällen alleiniger Punktion Fieber und Schmerz sich einstellten. Lücke[2]) lässt in einer Dissertation zwei Fälle von Punktion ohne Ausspülung veröffentlichen, welche aber kein sehr günstiges Resultat ergaben.

Mit der Einführung der Punktion war der erste Schritt gethan zur directen Eröffnung des Gelenkes, und es war nur eine Frage der Zeit, wann das Kniegelenk breit eröffnet werden würde. Auch hier war Lister wieder der erste, der,

1) Centralblatt für Chirurgie, 1877. S. 657.
2) Jourowsky, Beiträge zur Behandlung der Kniescheibenbrüche-Inaug.-Dissert. Strassburg 1878.

auf der Basis der Antisepsis, aus der subcutanen eine complicirte Fractur machte und das Gelenk breit eröffnete, um die Knochennaht zu machen. Zwar hat Rhea Barton dieselbe schon 1843 ausgeführt, und Ravoth[1]) führt Dieffenbach an, der sie 1846 gemacht hätte; aber auf dem Boden der Antisepsis sind Prognose und Resultat in der Hand des Arztes. Nachdem Lister schon an anderen Knochen die Nath angelegt hatte, zuletzt auch an dem, der Patella in so vielen Beziehungen analogen, Olecranon, wartete er seit 1873 auf die Gelegenheit zur Patellarnaht. Aber sein früherer Assistent, Dr. Cameron, kam ihm zuvor; derselbe machte bei einer Refractur die Knochennaht, aber ohne einen nennenswerthen Erfolg. Im Jahre 1877 kam Lister[2]) dazu, die Operation selbst auszuführen, und im Jahre 1883 tritt er, auf Grund der Erfolge in 7 Fällen, mit seinem Verfahren in die Oeffentlichkeit. Dasselbe ist in Kürze Folgendes: Vermittelst eines Längsschnittes von ca. 2" Länge dringt er auf die Patella ein, durchbohrt die Fragmente in schräger Richtung und legt eine Silbernaht an; behufs Drainage macht er eine Gegenincision am tiefsten Punkte des Gelenkes und führt ein Drainrohr hindurch; die Drähte führt er entweder zur Hautwunde hinaus und entfernt sie nach ca. 8 Wochen, oder er hämmert sie auf der Patella breit und lässt sie einheilen.

Nach dem Vorgange Lister's ist die Knochennath von sehr vielen Chirurgen gemacht worden, zum grössten Theile mit gutem Erfolge. Die Einen eröffnen mit dem Lister'schen Längsschnitt, Andere mit einem Querschnitt. Später sind noch mancherlei Modificationen der Naht selbst angegeben worden. Morton[3]) z. B. durchbohrt die, vorher zurechtgelagerten, Fragmente von oben nach unten in der Längsrichtung; sobald die Spitze des dünnen Bohres oben auf der Haut erscheint, schraubt er eine kleine stählerne Kappe auf denselben auf. Dann wird das Bein auf einer Schiene befestigt

---

1) Ravoth, Lehrbuch der Fracturen und Luxat. S. 308.
2) Jos. Lister, an address on the treatment of fracture of the patella. The brit. med. Journ. No. 3; The Lancet. Nov. 3.
3) G. Th. Morton, New method of treating fracture of the patella. Phil. med. times No. 28.

und hochgelagert; nur sagt Morton nicht, wie lange er den Bohrer liegen lässt. Jedenfalls will er ganz ausgezeichnete Erfolge damit erreicht haben.

Eine andere Form der Knochennaht ist von Prof. Ceci[1]) in Genua angegeben. In Hyperextension und während ein Assistent die Haut und die Fragmente von oben und unten nach der Mitte zu zusammendrängt, wird mit einem Stichbohrer die Haut in der Gegend einer Patellar-Ecke senkrecht durchstossen. Sobald der Bohrer den Knochen berührt,· wird er horizontal gelegt, und die Patella in diagonaler Richtung durchbohrt, z. B. zuerst von unten innen nach oben aussen, durch die Oese des Bohrers wird ein Silberfaden eingefädelt und mit dem Bohrer aus der Eingangsöffnung herausgezogen. Darauf wird der Bohrer am äusseren unteren Patellarrande eingestossen, folgt diesem Rande scharf nach der unteren inneren Ecke, wo der Silberfaden liegt; dieser wird eingefädelt und zur äusseren unteren Kante herausgezogen. Nunmehr wird die Patella in der zweiten Diagonale durchbohrt, vom inneren oberen Winkel nach dem unteren äusseren, und der Faden auch durch diesen Kanal gezogen. Die beiden Enden des Fadens sehen jetzt oben heraus, das eine wird zum anderen längs dem oberen Rande der Patella hingeführt und zur anderen Oeffnung herausgezogen und beide Enden werden zusammengedreht. — Wichtig ist: 1) Die stete, unverrückte Hyperextension, 2) Die sorgfältige Durchlegung des Silberfadens, damit sich nirgends eine Schlinge bilde. Die Naht verläuft also in Form einer 8. Nach Festlegung des Knotens lässt der Assistent die Haut ,los, und die vier Perforationsöffnungen liegen weiter nach oben und nach unten. Ceci empfiehlt seine „einfache und rasch ausführbare Operation, welche alle antiseptischen Cautelen zulässt" eigentlich für alle Fälle, nämlich: 1) für alle frischen Fälle, 2) bei alten Fracturen, wo Anfrischung nothwendig ist, 3) als Prophylaxe gegen Recidive. Er hat diese Methode zweimal „mit durchschlagendem Erfolge" ausgeführt; weitere Mittheilungen finden sich darüber nicht in der Litteratur.

---

1) Prof. Ant. Ceci, eine neue Operation der Patellarfractur. Deutsch. Zeitschr. f. Chirurgie, Bd. 23, S. 285.

An dieser Stelle wollen wir auch der Bemerkung van der Meulen's[1]) gedenken, der dreimal die Knochennaht, trotz breiter Incision, ohne Gelenkseröffnung gemacht zu haben behauptet. Er findet nämlich am hinteren Rande der Fragmente zwischen ihnen eine dünne Membran, welche das Gelenk abschliesst, die er auf Organisation von Blutgerinseln zurückführt; diese Membran sei, wenn auch nicht immer, so doch in den meisten Fällen vorhanden und ermögliche die Operation ohne Gelenkseröffnung.

Doch mag der eine diese, der Andere jene Methode bevorzugen, das ist irrelevant gegenüber der Grundbedingung, dass der Operateur seiner Asepsis sicher ist. Wenn auch die Indication zur Knochennaht gegeben ist, so soll doch Jeder, der die Antisepsis nicht vollkommen beherrscht, lieber die Hand davon lassen. Das hat Lister gleich bei der Veröffentlichung seines Verfahrens hervorgehoben, gleichzeitig allerdings hinzugefügt, dass die Antisepsis auf diesem Gebiete sehr leicht zu handhaben sei.

Was die Indication zur Knochennaht betrifft, so empfiehlt Lister sie dringend in allen frischen Fällen, aus dem einfachen Grunde, weil die alten, unblutigen Methoden nicht der Forderung einer guten Functionsfähigkeit zu genügen vermochten. Dieser Ansicht treten aber die meisten Chirurgen als einer zu schroffen nicht bei. Wir wollen hier die Gegner der Knochennaht nicht einzeln aufführen; beim Durchblicken der dieser Arbeit hinzugefügten statistischen Zusammenstellung kann Jeder selbst sehen, wie viele Fälle ohne Knochennaht mit schönem Erfolge geheilt sind, und wie viele Chirurgen, mit berechtigter Genugthuung über ihre unblutige Therapie, die blutige Naht auf einzelne Fälle beschränken. Brunner stellt in seiner Arbeit 90 Fälle von Knochennaht frischer und alter Patellar-Fracturen zusammen, davon haben nur 20 ein vollkommen functionelles Resultat, aber 19 mal trat Gelenkeiterung ein, meist mit dem Ausgang in Ankylose, 5 mal führte die Operation zum Exitus letalis, und 3 mal indicirte sie die

1) J. E. van der Meulen, Treatment of recent transverse fracture of the patella by means of the wire suture without opening the knee-joint. The Lancet. March. 22.

nachträgliche Amputatio femoris. Bryant zeigt unter seinen 32 Fällen, Hamilton[1]) unter 127 Fällen, die alle nach un- blutigen Methoden behandelt worden sind, einen hohen Pro- centsatz an recht guten Erfolgen. Ferner ist auch zuzugeben, dass die operative Behandlung ein viel kürzeres Kranken- lager zur Folge hat und viel früher die Wiederaufnahme der Arbeit ermöglicht; dieser Unterschied tritt recht crass in den 3 Fällen zu Tage, welche Sudbury[2]) zusammengestellt hat: der eine von Lynch mit Basalschienen, elastischen Zügen und Gewichtsextensionen behandelte Patient lag 6 Wochen zu Bett, ging 19 Wochen mit Krücken, arbeitete nach 27 Wochen und konnte nach 9 Monaten knieen; die beiden von Lynch und Ward operativ behandelten Patienten lagen da- gegen 4 und 3 Wochen zu Bett, gingen 2 Wochen mit Krücken, nahmen 13 resp. 8 Wochen nach der Verletzung die Arbeit wieder auf und konnten 6 resp. 5 Wochen nach der Verletzung knieen. — Aber allein die Gegenüberstellung dieser beiden Thatsachen: der Erfolg unblutiger Methoden und die Gefahr für das Leben, bei nicht auf das Scrupulöseste durchgeführter Antisepsis, muss vor der in allen Fällen em- pfohlenen Incision warnen. Anders liegt die Sache bei ver- alteten Fracturen, bei welchen totale Gebrauchsunfähigkeit des Gliedes oder wenigstens derartige Störungen in der Function bestehen, dass der Patient arbeitsunfähig ist. Hier wäre die Operation eher indicirt, da eine Behandlung mit Schienen, Verbänden etc. die die Gehstörung verursachenden Momente nicht beseitigt. Aber es tritt noch ein Factor in den Vordergrund, auf welchen zuerst Verneuil[3]) und nach ihm Tilanus die Aufmerksamkeit gelenkt haben, nämlich die Atrophie des Quadriceps. Wir werden auf diesen Punkt noch genauer eingehen, und wollen deshalb nur hervorheben,

---

1) Hamilton, Fracture of the patella. A study of 127 cases. New-York 1880.

2) Sudbury, Suffolk (St. Leonard hospital), Three cases of fractured patella: one treated by back splint, the others by wire suture; remarks. The Lancet No. 1.

3) L. H. Petit, de l'atrophie musculaire consécutive aux fractures de la rotule. L'Union med. No. 169, 170.

dass der Arzt, bevor er zu einer immerhin lebensgefährlichen
Operation schreitet, sich erst überzeugen muss, ob auch wirklich die Diastase der Fragmente die Schuld an der ungenügenden Function trägt, oder ob nicht vielmehr die
Schlaffheit der Extensoren der wahre Grund ist. Es ist hier
genau dieselbe Sache, wie beim Augenarzt, der zur Staar-
operation schreiten will, sich aber vorher durch die Lampen-
probe erst überzeugt, ob auch wirklich nur die cataractöse
Linse die Blindheit bedingt, oder ob nicht eine retinale
oder choroideale Affection die Erfolge der Linsenextraction
illusorisch machen würden. Nur in dem Falle darf man zum
Messer greifen, wenn die Fractur veraltet ist, Gebrauchsunfähigkeit bedingt und die Diastase sich auf andere Weise
nicht mehr beseitigen lässt, ferner wenn die Muskulatur des
Oberschenkels gar nicht oder nur so wenig atrophisch geworden ist, dass man von einer consequenten Faradisation
und Massage sich wirksame Erfolge versprechen kann. Ist
dagegen die Atrophie und Insufficienz der Muskulatur eine
so hochgradige, dass ihre Behandlung erfolglos ist, dann hat
auch die Operation keinen Zweck mehr. Sie ganz zu ver-
werfen, wie es Richelot[1]) thut:
    „encore plus inutile de faire une arthrotomie qui, sans
    „parler des risques opératoires, paraît superflue si le
    „triceps est en bon état, illusoire s'il est atrophié“
halten wir aber wiederum für zu weit gehend, da die Statistik ihre entschiedenen Erfolge bewiesen hat, weniger, möchten
wir sagen, bei frischen Fracturen — weshalb auch Lister's
Fälle in diesem Sinne keine Beweiskraft haben —, da ja
nicht ausgeschlossen ist, dass auch ohne die Operation eine
gute Gehfähigkeit erzielt worden wäre, als vielmehr bei veralteten
Fracturen.
    Welcher Methode man auch den Vorzug geben mag, ob
man nach der „gewöhnlichen“ Methode die Fractur mit Immobilisirung und Verbänden, mit oder ohne Zuhilfenahme
der Punktion, behandelt, ob man die „französische“ Methode

---

1) Congrès français de Chirurgie. 1ᵁ Session. Paris 1885. Richelot, sur l'état fonctionnel du membre inférieur à la suite des
fractures transversales de la rotule.

vorzieht, die in der Anlegung der Malgaigne'schen Klammer resp. der Trélat'schen Modification derselben gipfelt, oder ob man nach der „englichen" Methode nach breiter Eröffnung die Knochenstücke durch die Naht aneinander befestigt, stets ist in einer Anzahl von Fällen das Endresultat „vorzüglich", in einer andern Anzahl Fälle wird es „leidlich" genannt, und eine gewisse Menge zeigt stets, dass auch die betreffende gepriesene Methode ihre Nachtheile hat urd Misserfolge aufweist. — Aber auf der andern Seite ist es von jeher eine merkwürdige Beobachtung gewesen, dass Fälle, welche der Arzt nach bestem Wissen und Gewissen für absolut untauglich zum Gehact erklären müsste, die beste, fast normale Function zeigen. So erzählt Malgaigne [1]) von Velpeau, dass Letzterer versichert habe, dass er die Functionen des Knies mit einer Abweichung von 2" und selbst 3" sich wieder habe herstellen sehen. Hamilton [2]) hat einen Patienten gehabt, der, nach einer vor 6 Jahren erlittenen queren Patellarfractur, bei 3" Diastase, das Bein vollkommen beugt und streckt, ohne zu hinken, geht und, als einziges functionelles Symptom anführt, dass das kranke Bein früher ermüdet als das gesunde. Kirkbride [3]) sagt von einem Patienten, dass derselbe bei $2\frac{1}{2}$" Diastase so schnell wie früher läuft, ohne merklich zu hinken. Von den 5 Fällen, die Schede [4]), zur Einführung seiner Punktionsmethode, veröffentlicht, ist im 2. Fall, bei 6 cm. Diastase die Function ungestört, und im 4. Fall ist es ihm selbst auffallend, dass, bei 4 cm. Zwischensubstanz, „Patient das betreffende Knie ebenso kräftig wie das gesunde streckt." Lefort [5]) hat einen Mann gesehen, bei dem das obere Fragment bis zur Mitte des Oberschenkels hinaufgestiegen war, welcher trotzdem seinen Beruf, als Pferdeknecht, ungehindert ausüben konnte. Larger [6]) stellt in der chirur-

---

1) Malgaigne, Knochenbrüche. 1850. S. 734.
2) Hamilton, Brüche der Patella. S. 450.
3) Hamilton, l. c.
4) Centralblatt für Chirurgie. 1877. S. 662.
5) Jalaguier, Archiv général. März 1884. S. 467.
6) Bulletin de la société de chirurgie, Bd. IX. und : Congrès français de chirurgie, Paris 1885, S. 373.

gischen Gesellschaft zu Paris 1883 einen Mann vor, der je zweimal sich die beiden Kniescheiben brach (nicht viermal dieselbe, wie Brunner citirt), bei dem das oberste Fragment nach oben auf die Diaphyse gerückt ist, das unterste auf der Tuberositas der Tibia sitzt, und der trotzdem seinen Beruf als Schlächter versah, ungestraft die schwersten Bürden trug, und oft mehr als 10 km. „spazieren ging." Piqué[1]) spricht von 4 Patienten, welche trotz mehrerer Centimeter Diastase ein normales Extensionsvermögen zeigen und ihren Beruf ungehindert ausüben. Brunner[2]) führt aus der Züricher Klinik drei Fälle an; der erste konnte, trotz einer Diastase von 5 cm., seinem Berufe als Knecht nachgehen, laufen, Treppen steigen, Lasten tragen, ohne sehr zu hinken und ohne schnell zu ermüden; der zweite, mit einem doppelten Bruch der Patella und einer Diastase von 2 und $1^1/_2$ cm. zwischen den drei Fragmenten, geht, steigt so gut, dass dem nichts Wissenden kaum etwas Abnormes auffällt; der dritte, mit ebenfalls doppelter Fracturirung und 3 cm. Distanz zwischen mittlerem und unterem Fragment, zwischen denen sogar eine ligamentöse Bindemasse nicht nachgewiesen werden kann, geht seinem Berufe als Landwirth ungehindert nach, geht stundenweit, trägt schwere Lasten, hat nie Schmerzen, geht auf ebener Erde ohne eine Spur von Hinken und fühlt sich nur gehemmt beim Hinabsteigen von einem Berg oder der Treppe. Bardeleben[3]) erzählt, dass er viele Jahre lang einen Mann zu beobachten Gelegenheit hatte, welcher, trotz einer Zwischensubstanz von 8 cm., dennoch in seinem Berufe als Gerichtsbote weite Wege zurücklegen und Treppen steigen konnte. Ebenso macht Thomas[4]) einige Mittheilungen über von ihm beobachtete Fälle, bei deren Behandlung er zu wesentlich neuen Ansichten über diese Verletzung gekommen ist. Er

---

1) G o s s e l i n , Lettre sur l'état fonctionnel du triceps fémoral à la suite des fractures transversales de la rotule. Labonne, des suites des fractures de la rotule, S. 43—44.

2) B r u n n e r , Deutsche Zeitschr. f. Chirurgie, Bd. XXIII, S. 28, 44 u 46

3) B a r d e l e b e n , Lehrbuch der Chirurgie, 1880. S. 518.

4) H. O. T h o m a s (in Liverpool), The Principles of the treatment of fractures and dislocations. London 1886.

giebt Beispiele aus seiner Praxis, in welchen er trotz aller Sorgfalt und mit Benutzung aller gewöhnlichen Hilfsmittel bei der Behandlung von Patellarfracturen doch einen ungenügenden Erfolg in der Hinsicht gehabt hat, als selbst nach wochenlanger Ruhe die Anfangs scheinbar in leidlich guter Stellung zu einander fixirten Fragmente bei dem Gebrauch des Gliedes wiederum stark auseinanderwichen, so dass schliesslich der Erfolg ein ihn unbefriedigender wurde. Sehr bemerkenswerth sind 2 Fälle, welche Thomas anführt als Beispiele für die Thatsache, dass die Function des Kniegelenks, selbst bei bedeutender Diastase der Fragmente, eine fast oder völlig normale sein kann. Thomas hat, nach seiner Angabe, ca. 1878 einen Kapitän behandelt an Fractur der linken Patella; es war ihm unmöglich, den Mann zu längerer Ruhe und Schonung seines Beines zu veranlassen, und zwar deshalb, weil dieser Seemann längere Zeit vorher auch eine Fractur der rechten Patella erlitten hatte, welche damals ohne jede Behandlung zu seiner völligen Zufriedenheit geheilt war. Bei der Untersuchung der rechten Patella fand Thomas eine Diastase von 4″, mit so dünnem, fibrösem Callus, dass bei gebogenem Knie durch denselben hindurch die Form der Condylen völlig zu sehen war. „Er hat eine vollkommene Kraft der Streckung und der Beugung, es fand sich ein Defect in der Symmetrie, aber nicht in der Gebrauchsfähigkeit.“ Fast noch bemerkenswerther, und zwar wegen der Art der Beschäftigung des Patienten, ist folgender Fall: ein Akrobat consultirte Thomas wegen eines verstauchten Handgelenkes; gelegentlich zeigte er ihm sein Knie, und Thomas fand an demselben eine alte Fractur der Patella mit einer Trennung der Fragmente von ungefähr 1½″; diese Fractur war 7 Monate vorher durch Fall entstanden, und Patient „war gut im Stande, seine Uebungen als Akrobat täglich auszuführen.“

Wie sind diese Fälle zu erklären?

Die Einen, wie Roux[1]) und nach ihm Brunner,[2])

---

1) Roux, über die Selbstregulation der morphologischen Länge der Skeletmuskeln. Separatabdruck aus der Zeitschrift für Naturwissenschaft. XVI.

2) l. c. S. 67—68

suchen den Grund in der Function des Quadriceps; durch die Inactivität während der Behandlung atrophirt der Muskel; sobald sich nun eine fibröse Zwischenmasse gebildet hat, so zieht der Quadriceps bei den ersten Gehversuchen an dem oberen Fragment, dieses zieht durch das neugebildete Ligament an dem unteren Fragment, und von hier aus wird erst die Kraft durch das Lig. pat. auf die Tibia übertragen. Die ligamentöse Zwischenmasse ist also gewissermassen ein Plus an der Länge des Quadriceps. Aus diesem Grunde findet man bei solchen Patienten auch eine gewisse Atrophie der Streckmuskulatur, welche man in diesem Falle als eine nothwendige bezeichnen muss. Denn der Theil der Kraft, welche der Quadriceps braucht, um die Zwischenmasse zu spannen, ist für den Gehact verloren, der Muskel hat überflüssige Kraft, und da jeder Muskel stets nur eine seiner Wirksamkeit adäquate Entwickelung besitzt, so atrophirt er bis auf ein solches Mass, dass er nicht mehr Kraft verliert. Ganz klar ist auch jetzt die Breite der Diastase. Wenn der Quadriceps fortwährend an dem oberen Fragment zieht, das unnachgiebige Lig. pat. das untere fixirt, so muss im Laufe der Zeit naturgemäss die Distanz eine immer grössere werden. Recht in die Augen springt aber das eine Factum: ob die Diastase auch noch so gross ist, die Hauptsache ist die Functionstüchtigkeit des Quadriceps.

Andere Autoren, wie Gouget, von Bergmann, erklären die Functionsfähigkeit obiger Fälle aus der Anatomie des Kniegelenks. Wenn wir auf unsere, Eingangs dieser Arbeit gegebene, kurze Anatomie des Kniegelenks recurriren, so sind es die bisher noch nicht genügend beachteten fibrösen Faserzüge der unter der Fascia superficialis liegenden fibrösen Fascia, welche, bei Insufficienz des Rectus, die Compensation übernehmen, dieselbe lässt sich direct an der Hypertrophie dieser Fasern nachweisen, und zwar ist diese Compensation, wie von Bergmann sagt, im Nothfalle, d. h. bei Insufficienz des grossen Streckungsapparates, sehr wirksam. Wenn diese fibrösen Einwebungen mit zerrissen sind, so ist die Function natürlich noch mehr beeinträchtigt; aber das sind Ausnahmefälle. Eine gänzliche Trennung aller Kapseltheile findet übrigens überhaupt nicht statt, wie Richelot auf dem französischen Chirurgencongresse 1885 erwähnt:

„il n'ya pas de solution de continuité absolue entre „la cuisse et la jambe."

G o u g e t [1]) bemerkt, bei Besprechung eines Falles von veralteter Fractur, dass, wenn die Fractur nicht mit einer weitgehenden Zerreissung der Kapselbänder verbunden ist, die Möglichkeit zu schreiten nicht verloren geht; er führt es zurück auf Eintreten des Sartorius und des Tensor fasciae latae für den unwirksamen Rectus sowie der fibrösen Verstärkungsbänder, welche er bereits genau kennt. Ebenso hält Dyce Brown die Heilung abhängig von der Erhaltung des fibrösen Ueberzuges.

Wichtig für die Function sind auch die breiten, aponeurotischen Faserzüge des Vastus internus und externus zur Tibia. Duchenne de Boulogne [2]) sagt direct,

„que, dans les cas de distance des fragments, les vastes „interne et externe prennent le rôle du triceps pour „la marche."

Ebenso behauptet Chassaignac [3]), dass die Patienten gehen können, weil der Vastus internus und externus, welche sich direct an die Tibia inseriren, vermittelst dieser aponeurotischen Faserzüge, mehr oder minder gut den Rectus ersetzen.

Wir dürfen aber nicht unterlassen, Brunner's [4]) Ansicht hier anzuführen:

„dass allein, wie Gouget solche Fälle zu erklären „sucht, durch Verstärkungsbänder der Kniegelenks-„kapsel, d. h. Sehnenbündel des Vast. ext. und int., „unterstützt durch die extendirende Wirkung von Sar-„torius, Tensor fasciae latae und Gastrocnemius die „Wirkung des Quadriceps in beinahe vollkommener „Weise ersetzt werde, dürfte wohl kaum anzunehmen „sein".

(Den Gastrocnemius führt übrigens Gouget l. c. nicht an und nach unserer Ansicht auch sehr richtig).

---

1) S c h m i d t's Jahrbücher. Bd. 129. S. 210.
2) T i l a n u s, Résultat des diverses méthodes de traitement des fractures de la rotule. Congrès français de Chirurgie. 1885. S. 370.
3) Thèses pour le doctorat. 1884. S· 37.
4) l. c. S. 65.

Die Ansichten über die Ursachen einer solchen Functionsfähigkeit bei alten Fracturen mit weiter Diastase gehen
also weit auseinander, und v. Bergmann [1]) hat, trotz der
hohen Entwickelungsstufe unserer heutigen Anatomie und
Chirurgie, doch vollkommen Recht, wenn er sagt:

„Im Ganzen sind wir noch recht mangelhaft über die
„anatomischen Verhältnisse bei weit aus einander
„klaffenden, alten Patellarfracturen unterrichtet".

Wir haben schon mehrmals eines Factors Erwähnung
gethan, welcher zwar schon früher hin und wieder nebenbei
angeführt worden ist, aber erst in neuester Zeit die richtige
Würdigung erhalten hat, nämlich die Insufficienz des Quadriceps. Eben weil dieser Factor von den älteren Chirurgen
nicht beachtet worden ist, finden sich in den Krankenge-
schichten keine Bemerkungen hierüber, speciell keine ver-
gleichenden Messungen des gesunden und des kranken Oberschenkels. Erst im letzten Jahrzehnt sind hierüber Beobachtungen in die Oeffentlichkeit gelangt. Malgaigne [2]) hat
mit seinem Scharfblick dieses Verhalten des Quadriceps schon
registrirt:

„die Functionsschwäche geht mit der Zeit in eine Art
„von Atrophie über:"

Hutchinson erwähnt 1869 den Schwund des Quadriceps
als einen Zufall, aber eben nur als solchen, „der die Patienten
verhältnissmässig wenig stört"; er empfiehlt aber schon das
Galvanisiren des Muskels. Im Jahre 1880 berichtet Petit, aus
der Klinik Verneuil's, über einen Fall, bei dem die beider-
seitige Messung der Oberschenkel einen hochgradigen Schwund
der Extensoren ergab, und 1883 [3]) machte er genauere Angaben über diesen Umstand. Die Atrophie der Oberschenkel-
Muskulatur konnte schon sehr früh, oft schon nach 10 Tagen,
durch Messung nachgewiesen werden; sie spielt die Haupt-
rolle bei den ganzen Functionsstörungen. Eine gleiche An-

---

1) v. Bergmann, l. c. S. 1.
2) l. c. S. 738.
3) L. H. Petit (Service de Mr. Verneuil), de l'atrophie musculaire consécutive aux fractures de la rotule. L'Union méd. No. 169,
170.

sieht hat Christin 1880 in einer These niedergelegt und ebenso Richelot in einem Aufsatze in in der Union méd. In seiner Arbeit über Patellarfracturen kommt Brunner[1]) des Genaueren auf diese Atrophie des Quadriceps zu sprechen und giebt ihre Erklärung und ihre Therapie. Aber erst Tilanus[2]) hat in der ersten Session des französischen Chirurgencongresses zu Paris 1885 in einem kurzen, aber inhaltsreichen Vortrage diesen Factor als den massgebenden für eine gute Gehfähigkeit hervorgehoben und auf ihn seine Therapie gegründet.

Auch für diese Atrophie des Quadriceps hat man sich bemüht, die Gründe zu finden. Am nächsten liegt natürlich der Gedanke an direct auf den Muskel selbst einwirkende Traumen, Zerreissungen von Fasern und Gefässen, die ihn schwer schädigen, seine Atrophie herbeiführen. Diverneresse[3]) lässt die, in die Nachbarschaft stattfindende, lebhafte Secretion demselben zum Schaden gereichen, und Sabourin[3]) giebt der Entzündung Schuld, die auf die Nervenendigungen und den Muskel übergreife. Vulpian[4]) beschuldigt die Arthritis, dass sie die vasomotorischen Nerven irritire.

Das demnächst hervortretendste Moment ist aber ohne Frage die Inactivität. Die durch einen Reiz irgend welcher Art ausgelöste Thätigkeit eines jeden Muskels ist Bewegung; sie ist seine Lebensbedingung. Die Function, die Arbeit des Muskels bedingt ferner seine Ernährung; je mehr ein Muskel arbeitet, desto besser wird er ernährt, desto schneller und ergiebiger ist der Stoffwechsel, und desto kräftiger wird er, er hypertrophirt, wie die Hypertrophien der Ventrikel bei Herzfehlern als klassischer Beweis gelten können; umgekehrt beim Aufhören der Contractionen, in der Ruhe, wird er schlechter ernährt, er atrophirt. Dies besagt ja das Gesetz vom dynamischen Gleichgewicht. Ebenso ist es beim Gelenk, auch seine Function ist Bewegung; wird es durch Immobilisation

---

1) Brunner, l. c. S. 67—68.
2) Congrès français de Chirurgie. 1885. S. 367. .
3) Thèses pour le Doctorat en médecine. Paris 1884. Diverneresse, du traitement des fractures transversales de la rotule, S. 61.
4) Leçons sur l'appareil vasomoteur t. II, 1875, S. 328 und Thèse de Valtat, Paris, 1877, S. 136.

ausser Action gesetzt, so ist die specifische Folge Steifigkeit bis
zur Ankylose. Die Function des Quadriceps ist die Streckung
des Unterschenkels; wird er, durch Immobilisirung des Kniegelenkes, hieran verhindert, so fällt er der Inactivitäts-Atrophie
anheim, und zwar — sehr rasch!

Daneben können natürlich noch andere Factoren mit-
wirken, z. B. die traumatische Entzündung des Kniegelenks,
die ja stets mit der Fractur verbunden ist. Die schnelle
Atrophie sucht Fischer, wie Lücke[1]) in einem Aufsatze
bemerkt, dadurch zu erklären, dass der Quadriceps nur mangelhaft mit Gefässen versehen sei, vasomotorische Störungen ihn
also viel schneller angreifen, als andere Muskeln. Ferner
ist die, wie Brunner sich ausdrückt, „Selbstregulation des
Muskelvolumens" von grosser Wichtigkeit, welche wir oben
genauer erörtert haben bei der Begründung der guten Gehfähigkeit bei grosser Diastase. Einerseits geht also ein Theil
des Muskels verloren durch eine unnöthige Retraction, Ver-
kürzung der contractilen Substanz, andrerseits aber auch durch
die Verlängerung des, wenn ich mich so ausdrücken darf,
„Transmissionsapparates". Gleich wie ein Theil der lebendi-
gen Kraft einer Maschine bei der Uebertragung durch Riemen
verloren geht, so auch hier; dem Riemen der Maschine ent-
spricht der fibröse Callus.

Da diese Atrophie, wie wir oben hervorhoben, sehr rasch
eintritt, so können wir direct folgern, dass sie in allen Fällen
eintritt, in denen sie nicht sofort berücksichtigt wird. Dieselbe
braucht durchaus noch nicht sofort sich dem Auge und dem
Centimetermass kund zu geben. Ist es erst soweit gekommen, dann thut auch schnelle Hilfe und energisches Ein-
schreiten noth. Man hat es früher wohl meist als ein günstiges Zeichen betrachtet, wenn der Quadriceps sich schlaff
anfühlte, da dies ja seine Entspannung bedeutete, die man
eben durch die Lagerung bezweckte, und man beachtete nicht,
dass dieses weiche, widerstandslose Gefühl unter dem Finger-
druck und die Undeutlichkeit der Contouren bei versuchten
Contractionen das Zeichen der in der Entwicklung begriffenen

---

1) L ü c k e, über die traumatische Insufficienz des M. quadriceps femoris. Deutsch. Zeitschrift f. Chir. Bd. XVIII, S. 145.

Atrophie war. Erst als man auf sie aufmerksam wurde, fand man die grossen Unterschiede in der Streckungsmuskulatur. So ergaben die Messungen des Patienten von Petit im Jahre 1880 [1]):

Umfang am gesunden Oberschenkel 47½ cm.,
„ „ kranken „ 44 cm.,

also eine Differenz von 3½ cm. Unter den 37 Fällen von subcutanen Fracturen, welche Brunner aufzählt, ist in 13 Fällen die Volumsabnahme direct durch Messung nachweisbar, 21 mal ist nichts darüber angegeben, 1 mal war durch Inspection kein Unterschied wahrnehmbar, 1 mal ergab die Messung beiderseits gleichen Umfang (der 37. Fall endete tödtlich durch Pyämie.) [2]) Und bei wie vielen der 21 Fälle, bei denen Angaben über den Umfang des Oberschenkels fehlen, mag die Atrophie noch bestanden haben. Diverneresse [3]) sagt:

„cette atrophie qui se manifeste dès les premiers jours „après l'accident"

und Richelot [4]) erklärt:

„l'atrophie du triceps, très habituelle après les fractures „de la rotule" . . .

Tilanus lässt sich bei der Veröffentlichung seiner Behandlungsmethode auf eine statistische Bemerkung über die Atrophie des Oberschenkels bei Patellarfracturen gar nicht ein; wie er aber darüber denkt, erhellt zur Genüge daraus, dass er in seiner Klinik in Amsterdam seine Therapie nur gegen diese richtet.

Wenn wir nunmehr auf die Behandlung dieser Atrophie des Quadriceps übergehen, so kann dieselbe nur in zweierlei Weise ausgeführt werden: in der Faradisation und der Massage. Sobald die Chirurgen überhaupt erst auf diese Abnahme des Extensor aufmerksam wurden, wurde auch sofort die Electri-

---

1) Diverneresse, l. c. S. 56. (Thèse pour le Doctorat 1884).

2) Brunner hat 39 Fälle zusammengestellt; unter unserem jetzigen Gesichtspunkte betrachtet, sind es aber nur 37 Fälle, da zwei derselben Refracturen sind, also dieselben Personen betreffen.

3) l. c. S. 61.

4) Congrès français de Chir. 1885, S. 371.

3

cität auf ihn angewandt und, wie die, allerdings äusserst geringen, Berichte in der Literatur melden, mit sehr günstigem Erfolg. In einem Falle von Brunner, in welchem die Differenz der Masse des Umfanges der beiden Oberschenkel bereits 6 cm. betrug, war nach 14-tägiger Faradisation der Streckmuskeln diese Differenz auf 4 cm vermindert, und Patient konnte, was wichtiger ist, von Morgens bis Abends ohne Stock und Krücke frei umherlaufen. Labonne[1] berichtet von einem Fall, den Guyon behandelt hat: ein Patient mit einer Patellarfractur, bei der sich ein fibröser Callus von 4 cm. nachweisen liess, war völlig unfähig zu gehen, dabei bestand gleichzeitig eine bedeutende Atrophie und Paralyse des Triceps. Zwei Monate hindurch wird Letzterer electrisirt. Anfangs reagirt der Muskel gar nicht auf den electrischen Strom, allmählich zeigen sich Contractionen, dieselben werden immer ausgiebiger, und der Kranke kann zuletzt gehen ohne merkliches Hinken.

Wirksamer aber noch, als die Faradisation des Muskels, ist seine Massage. Sie in die Behandlungsmethoden der Patellarfracturen eingeführt zu haben, ist das Verdienst von Tilanus, der, wie er selbst gesteht, hierzu angeregt wurde durch die grossen Erfolge, welche sein Landsmann, Dr. Mezger, mit der Massage erreicht hatte. Dr. Mezger hatte übrigens schon 1879 eine alte Patellarfractur durch methodische Massage geheilt (s. unsere statistische Tabelle des Jahres 1879). Tilanus setzt auf dem französischen Chirurgencongress zu Paris 1885 seine Behandlungsmethode mit folgenden Worten auseinander[2]:

„1) combattre l'hémorrhagie et la douleur le premier „jour par le repos et les compresses froides;

„2) le lendemain compression élastique et bientôt mas- „sage d'une main, avec fixation du fragment supérieur „par l'autre; bientôt on fait des mouvements de l'ar-

1) Contribution à l'étude des suites des fractures de la rotule et de leur thérapeutique. Paris 1884. S. 41.

2) Congrès français de Chirurgie, 1°. Session, Paris 1885. Résultat des diverses méthodes de traitement des fractures de la rotule, par le professeur Tilanus (Amsterdam).

„ticulation du genou et, après huit jours, le malade „commence à marcher."

Der Kranke wird also ins Bett gelegt, die geschädigte Extremität hochgelagert und immobilisirt; am ersten Tage werden nur kalte Compressen aufgelegt, einerseits um durch die Kälte die intraarticuläre Blutung zu stillen, andrerseits um den Patienten empfindungsloser gegen den Schmerz zu machen. Am nächsten Tage wird, zum Zwecke der Resorption des Blutergusses, das Knie mit einer elastischen Binde umwickelt, und gleichzeitig beginnt — zweimal innerhalb 24 Stunden — die Massage des Oberschenkels: die linke Hand drängt das untere Fragment nach unten, die rechte Hand führt das Klopfen aus dem Handgelenk aus in der ganzen Ausdehnung der Streckmuskulatur bis hinab in die seitlichen Kniegelenksregionen. Die Massage dauert 10 Minuten. Bald werden mit der Massage active und passive Bewegungen combinirt. Nach 8 Tagen muss der Kranke aufstehen und Gehversuche machen. Nach 14 Tagen ist dann, wie Tilanus sagt, das Gehen schon so leicht, wie in den mit Immobilisation behandelten Fällen erst nach 2 Monaten. Die durchschnittliche Dauer der Behandlung beträgt 40 Tage; ja in einem der 6 Fälle, die er als Beleg anführt, nahm der Patient schon nach 30 Tagen die Arbeit wieder auf. — Ausser der kurzen Dauer der Behandlung sind auch die sonstigen Erfolge sehr gute. Er erlangte bei den 6 aufgeführten Patienten bei activen Bewegungen einen Flexionswinkel von 76^0, bei passiven von 86^0 (? Hier scheinen in dem gedruckten Bericht des Chirurgencongresses mehrere Druckfehler vorzuliegen; der Durchschnitt aus den 6 Flexionswinkeln bei passiven Bewegungen beträgt nicht 86^0, sondern 68^0 (genau $67\frac{1}{6}^0$) und die Differenz zwischen dem gesunden und dem kranken Bein, welche der Bericht auf 36^0 angiebt (nach dem gedruckten Bericht noch dazu: $86^0 - 42^0 = 44^0$ und nicht 36^0) beträgt also nicht 36^0, sondern 26^0).

Als den Hauptvorzug rühmt Tilanus seinem Verfahren nach, dass der Patient keine Besorgniss zu hegen braucht wegen der Nichtvereinigung des Bruches. Trotz der frühzeitigen Gehversuche und der activen und passiven Bewegungen des Kniegelenkes wird die Entfernung der beiden

3*.

Fragmente immer kleiner und ist zum Schluss viel geringer, als nach anderen Methoden. Auch braucht man nicht die consekutive Steifigkeit, die Kapselschrumpfung, den Verlust der Activität der Muskeln zu befürchten. Kurzum schliesst er, „les malades sont guéris tuto, cito et jucunde.“

Win können dem nur zustimmen; wir möchten jedoch noch einen grossen Vorzug dieser Methode, den Tilanus gar nicht erwähnt hat, hervorheben, der darin besteht, dass sie mit den allereinfachsten Mitteln, überall und nicht blos von jedem Arzte, sondern auch von jedem geschickten Laien durchzuführen ist. Hierin liegt die grosse Bedeutung für die Verallgemeinerung dieser Methode. Eine quere Eröffnung des Kniegelenkes mit Knochennath, eine Punktion des Gelenkes, etc. Operationen, welche alle die Kniegelenkshöhle eröffnen, erfordern eine tadellose Beherrschung der antiseptischen Technik und den Besitz einer Menge von Apparaten, welche dem Gros der practischen Aerzte thatsächlich aus den verschiedensten Gründen nicht immer zur Verfügung steht. Nur in grossen Krankenhäusern ist die Ventilirung der verschiedenen Methoden und ihre Prüfung möglich — praesente medico nihil nocet —; für den practischen Arzt besitzen dieselben geringeren Werth.

Unter diesem Gesichtspunkte messen wir der Einführung der Methode von Tilanus so entscheidende Bedeutung bei und müssen ihrer allgemeinen Einführung aus eigenster Ueberzeugung das Wort reden.

Wenn dann wirklich die Heilung einmal nicht in gewünschtem Masse sich vollzogen haben sollte, so ist dann doch der Patient wieder hergestellt, und kann nun die Knochennaht später, als bei einer alten Fractur, gemacht werden; — für frische Fälle haben wir sie oben überhaupt zurückgewiesen.

Sei es uns gestattet, in Anschluss hieran einen derartig behandelten Fall mitzutheilen:

Der Bauunternehmer K. fiel am 1. Juni d. J. aus der Höhe von etwa 20′ von einem Gebäude herunter und schlug mit der Aussenseite des linken Beins im Fallen auf die Kante einer Kiste; er kam dann auf die Füsse zu stehen; indem er indessen mit den Beinen zusammenknickte und gleichzeitig das Bestreben hatte sich aufrecht zu halten, fühlte er sofort einen heftigen Schmerz in beiden Füssen und einen „Ruck" im linken Knie, blieb liegen, konnte nicht mehr aufstehen. Nachdem der Patient in seine Wohnung gebracht war, ergab die Untersuchung, ungefähr 2 Stunden nach der Verletzung, Folgendes:

Das linke Kniegelenk ist ganz bedeutend geschwollen durch einen enormen intraarticulären Bluterguss, ausserdem ist eine starke Sugillation an der äusseren Seite des Kniegelenkes in der Gegend des Capitulum fibulae nebst einigen Excoriationen der Haut zu bemerken. Die Patella ist quer durchbrochen, die Fragmente stehen etwa 2 cm. breit von einander entfernt, so dass man bequem einen Daumen in den Spalt eindrücken kann. Eine Unmöglichkeit, den Schenkel zu strecken, war hierbei selbstverständlich, hierauf gerichtete Versuche spannten den Quadriceps stark an und zogen das obere Fragment noch weiter in die Höhe. Ausserdem fällt es auf, dass der Fuss in Plantarflexion liegt, und dass der Patient nicht im Stande ist, die Fussspitze in die Höhe zu heben; er hat ein dumpfes, taubes Gefühl im Gebiete des N. peroneus. Ausser dieser Verletzung zeigte sich bei dem Patienten am rechten Fuss eine erhebliche Schwellung mit blauer Verfärbung der Haut in der Gegend des Chopart'schen Gelenkes sowohl an der Dorsal- wie an der Plantarfläche und eine ganz enorme Druckempfindlichkeit; jedoch war hier eine Fractur weder an den Malleolen noch an den Tarsalknochen zu constatiren.

Der 39-jährige Mann ist im Uebrigen von kräftiger Entwickelung und von mittelgrosser Statur, war nie erheblich krank.

Die Behandlung der Partellfractur wird nach den von Tilanus auf dem Chirurgen-Congresse zu Paris 1885 entwickelten Grundsätzen vorgenommen. Nachdem einige Stunden hindurch, wegen der sehr heftigen Schmerzen, eine Eisblase applicirt worden war, wurde das Bein in eine nahezu verticale Lage bei Streckung des Kniegelenkes gebracht, um den Quadriceps möglichst zu entspannen. Der ausserordentlich hochgradige Bluterguss liess es wünschenswerth erscheinen, eine Zeit lang einen Compressionsverband anzuwenden, welcher mit Flanellbinden und einer Popliteälschiene bewerkstelligt wurde. Gleich vom ersten Tage an wurde nun mit einer methodischen Massage des Quadriceps begonnen. Indem die eine Hand das obere Patellarfragment nach unten schob, wurde der Muskel geklopft und gestrichen in der vorgeschriebenen Weise. Gleichzeitig wurden auch von Anfang an leichte passive Bewegungen in dem Gelenk vorgenommen. Ferner wurde für eine möglichst schleunige Entfernung des Hämarthros an der Aussenseite des Gelenkes durch Massage gesorgt, aus Rücksicht auf die Verletzung des N. peroneus. Letzterer wurde auch schon frühzeitig mit dem constanten und faradischen Strome geprüft; aber von Anfang an wurde jede Reaction in ihm vermisst. Es zeigte sich bei dieser Behandlung die ganz auffallende Thatsache, dass, nachdem der Bluterguss nach ungefähr 10 Tagen verschwunden war, die Fragmente bis auf einen ganz kleinen Zwischenraum genähert waren, ohne dass sie künstlich besonders zusammengedrängt worden wären. Freilich war der Compressionsverband mit Testudoartigen Touren angelegt; indessen hat dies doch auf die Annäherung der Partellarfragmente keinen grossen Einfluss. Diese Annäherung der Fragmente nahm, trotzdem fernerhin kein Verband mehr gebraucht wurde, immer mehr zu, und als selbst der Patient in der dritten Woche (Leider konnte er wegen der Verletzung des rechten Fusses, welcher mit einem Gipsverband versehen war, nicht früher Gehversuche machen) aufstand und Gehversuche machte, wichen die Fragmente bei activen und passiven Bewegungen, die nunmehr gemacht wurden, nicht weit auseinander, sondern sie haften bis jetzt so dicht zusammen, dass man kaum einen Zwischenspalt fühlen kann. Eine leichte Verschieblichkeit der beiden Fragmente, wenn man sie oben und unten fasst und hin und her bewegt, ist zwar zu fühlen, indess eine wirkliche Diastase ist nicht wahrzunehmen, so dass die Bruchstelle nur mit genauer Noth zu palpiren ist. Die Muskulatur des Beines ist ausserordentlich kräftig geblieben, von einer Abmagerung im Verhältniss zum andern Bein keine Spur. Die Muskelmasse des Quadriceps fühlt sich derb und voll an, und eine Messung der Circumferenz in der Mitte des Oberschenkels ergab sogar heute, am 10. August

an dem verletzten Bein 48 cm.,
am rechten Bein . . . 47 cm.,

es ist also sogar die Circumferenz des verletzten Beines etwas grösser als die des andern, ein Zeichen dafür, welch' einen enormen Einfluss auf die Erhaltung und Entwickelung des Muskels die methodische Massage hat.

Was nun die functionelle Wiederherstellung des Gelenkes betritt, so kann der Patient ungehindert gehen. Das Kniegelenk ist activ bis zum rechten Winkel zu beugen, welches geringe Resultat zum Theil darauf zu schieben ist, dass der äusserst wehleidige Patient die Bewegungen des Gelenkes möglichst beschränkt, zum Theil auch darauf, dass er durch die Peroneus-Lähmung in dem Gebrauche seines Beines behindert ist, weshalb er vor allzu eifrigen Gehübungen gewarnt werden musste, um ihn vor Fallen zu bewahren. Die Extension ist bis zu 180⁰ mit normaler Intensität ausführbar.

Wir sehen also auch in diesem Falle, wie die Massage und frühzeitige Bewegungen, trotz der bestehenden Complication, einen sehr guten Erfolg gehabt haben, und wir können also die Angaben von Tilanus, was die Wirkung der Massage anbelangt, vollauf bestätigen, wenn auch in diesem Falle durch einige Complicationen der typische, von ihm beschriebene Heilverlauf etwas modificirt ist.

Aus Anlass der verschiedenartigsten Behandlungsmethoden, die wir im Vorhergehenden kennen gelernt haben, haben wir uns bemüht, möglichst alle Fälle von Patellarfracturen dieses Jahrhunderts, soweit sie in der Literatur bekannt gemacht worden sind, zu sammeln. Wir erheben durchaus keinen Anspruch auf Vollständigkeit; dazu stand uns leider das Material nicht in dem Masse zur Verfügung, wie wir es selbst wünschten. Wir wären zufrieden, wenn es uns gelungen wäre, wenigstens den grössten Theil der publicirten Fälle gesammelt zu haben. Was das Eintheilungsprincip anbetrifft, so haben wir von einer eigenen Rubrik über Aetiologie und Verlauf absehen müssen, da es nur in der Minderzahl der Fälle möglich war, hierüber genauere Daten zu sammeln, und da die Angaben, besonders über die Aetiologie, oft direct unrichtig sind. So spricht z. B. auch Lossen [1]) von „Beobachtungsfehlern" bei der Erwähnung der Zusammenstellung von

---

1) l. c. S. 148.

Le Coin, der unter 27 Fracturen 20 durch directe Gewalt entstandene aufzählt, während in Wirklichkeit „unter den 20 sogenannten directen Fracturen 16 Querfracturen stecken". Was wir an solchen Mittheilungen fanden, haben wir unter „Bemerkungen" rubricirt; das Princip der Eintheilung ist daher nur folgendes: unter welcher Behandlung wurde welches Endresultat erzielt? Leider weisen auch diese Rubriken so manche Lücken auf, da die Autoren, besonders in den Berichten aus den Krankenhäusern, oft nur die Anzahl der Fälle mit erwähnen und höchstens noch ein „in der Mehrzahl geheilt" u. dgl. hintenansetzen; oft genug stand uns auch nur das Referat zur Verfügung, das natürlich noch summarischer verfuhr. Endlich müssen wir noch bemerken, dass viele Autoren des Längeren über diesen oder jenen Apparat u. s. w. berichten, mit dem sie „viele Erfolge" u. dgl. gehabt haben; derartige vage Andeutungen haben wir natürlich auch nicht aufnehmen können. —

Jahr und Name.	Anzahl.	Eingeschlagene Therapie.	Erfolg derselben.	Bemerkungen.
1806—08. 1830—37.		Ruhe, Lagerung, Kataplasmen, später die von ihm erfundene Klammer	—	Bericht aus dem Hôtel - Dieu zu Paris.
Malgaigne 1751 - 1838.	45		—	Pennsylvania - Hospital zu Philadelphia.
Wallace 1838 - 49.	28	--	—	
Norris 1839—51.	28	—	—	„
Lente 1843—55.	30	--	—	Newyork-Hospital.
Matiejowsky 1831—37.	15	--	—	Allgemeines Krankenhaus zu Prag.
Lonsdale 1851 - 56.	38	—	—	Middlesex-Hospital London.
Gurlt 1849—53.	22	—	--	Berliner Hospitäler
Middeldorpf 1816.	3	—	--	Allerheiligen Hospital zu Breslau.
Rust	3	ohne Verband.	Glückliche Heilung, im 1. Fall in 11, im 2. in 15 Wochen, im 3. Diastase von 2 Querfingerbreite.	1 Comminutivfractur, 2 Querbrüche.
A. Cooper 1817.	1	Profuse Eiterung, aber Amputation nicht angezeigt.	Exitus letalis.	Alte Fractur mit 3'' br. ligamentöserVereinigung.
Süder 1818.	1	Bindenverband.	Glückliche Heilung in 7 Wochen, Fragmente unmittelbar vereinigt.	complicirte Querfractur durchSturz mit dem Pferde, Zerreissung des Kapselbandes u. d. Lig. pat.
Boyer 1819.	10	7 mal Bindenverband, 2 mal Schienen mit 2. Riemen über die Fragmente und Compression, 1 mal Desault's Apparat.	7mal fibröser Callus in ca. 45 Tagen und „gute Heilung", 1 mal knöchernerCallus, sonst fibröser, Stets „gute Heilung".	Sämmtlich Querfracturen, 5 durch Fall, 1 beim Tanzen, 2 durch Muskelzug, 1 durch schlag, 1 mal sehr bewegliche Fragmente.
Wendroth	1	Compresse, vielköpfige Binde, Strohlade.	Völlige Streckung nicht möglich, da	Complicirte Comminutivfractur durch

(vertikal in der Mitte:) aus der Statistik Gurlt's, „Deutsche Klinik", Jahrg. 1857.

Jahr und Name.	Anzahl	Eingeschlagene Therapie.	Erfolg derselben.	Bemerkungen.
1820. Cloquet	1	—	der Fuss schon steif war. — Scheinbar feste Vereinigung der Knochenstücke, Gehen, wie früher, möglich. Tod nach 8 Tagen.	Verschüttung durch eine einstürzende Mauer. Fractur durch Ueberfahren.
1822. A. Cooper	1	— Landaufenthalt.	Eiterung, — Genesung mit „verwachsenem" Gelenk	Complicirte Fractur durch Fall, eine Treppe hoch auf die Strasse.
„	1	Naht, Heftpflaster, mit Weingeist und Wasser befeuchtete Binden, Unterschenkel gestreckt.	Nach 5 Wochen leichte passive Bewegungen, später Gehen in der Stube	Complic. Comminutivfractur durch Fall vom Wagen u. Hineingerathen ins Wagenrad.
„	4	—	gut geheilt	3 Querbrüche, einmal durch Muskelzug, 1mal beider Kniescheiben und 1 Längsbruch.
„	1	—	Längsbruch heilte d. Callus, Querbruch ligamentös.	Längs- u. Querfractur durch Sturz aus dem Wagen.
„	1	Geschwulst zu bedeutend zur Amputation.	Tod nach einigen Tagen	Complic. Querfract.
„	1	—	Ankylose	Querfract. d. Fall.
„	1	—	—	Sectionsbefund: Längsbruch beider Patallae.
Langenbeck	1	Bindenverband.	Heilung durch Callus	Querfractur durch Muskelzug.
Fielding	1	Bindenverband und Planum inclinatum.	Knöcherne Heilung	Querfract. d. Muskelzug. — Hält „merkwürdiger Weise" die Längsbrüche f. häufiger als die Querbrüche.
1823. Alcook	„einige"	„einfache Behandlung"	feste Vereinigung	—
Rudolphi	1	—	Getrenntgebliebene Fragmente, aber sogar Tanzen wieder möglich	Comminutivfractur.

Jahr und Name.	Anzahl.	Eingeschlagene Therapie	Erfolg derselben	Bemerkungen.
Dupuytren 1826.	?	—	vollständig knöcherne Heilung	—
Blizard	1	Fester Verband	Bandartige Verbindung, Gelenk blieb steif.	Querfractur.
„	1	Kein Verband	Heilung vollkommen gut, Beweglichkeit nach 6 Wochen zurückgekehrt.	quere Refractur d. vorigen, Zerreissung des fibrösen Callus.
Ribes	„mehrere"	ohne Behandlung gewesen	theils durch ligamentöse, theils d. knochenartige Substanz vereinigt	Vor einigen Jahren entstandene Fracturen.
1827. Ortalli	1	—	—	Innerhalb 6 Jahren dieselbe Pat. 4mal gebrochen.
1828. Brown	1	Streckung und Höherlagerung, Rumpf horizontal, Breiumschläge 3 Monate, dann Achtertouren und darüber Breiumschlag	Zollbreite Bandmasse, ungehindertes Gehen, Treppensteigen leicht.	Querfractur durch Fall von einer Mauer (eines Gefängnisses).
Brown	1	kalte Ueberschläge, vom 3. Tage an erweichende Kataplasmen 3 Wochen hindurch, darauf hintere breite Schiene mit Achtertouren befestigt, darüber das Kataplasma	Nach 2 Monaten Wunde geheilt, im Knie gute Beugung möglich, Endresultat: vollkommene Heilung	Complicirte Fractur dadurch, dass ein Stein beim Sprengen eines Felsens gegen die Kniescheibe flog.
1832. Blasius	1	fester Verband	gute Heilung, ligamentös	Querfractur durch Fall auf dem Eise.
1833. B. Cooper	2	Planum inclinatum	gute Heilung	Querfractur, 1mal durch Fall.
1835. Kirkbride	1	—	—	Querfractur durch Muskelzug beim Aufspringen auf ein Fuhrwerk.
1839. Metz	1	erhöhte Lagerung des Fusses durch ein keilförmiges Kissen, Körper halbsitzend, Bruchstelle gekühlt	Erfolg „wie erwünscht"	—

Jahr und Name.	Anzahl	Eingeschlagene Therapie.	Erfolg derselben	Bemerkungen.
1841.				
Guy's Hospital	1	Rückenlage, im Knie leicht gebeugt, fortwährend Breiumschlag, nach der Granulationsbildung Oelcompressen.	Anfang m. Krücken u. Schienen, später gutes Gehen, Tanzen, Reiten, Gelenkfrei beweglich, Narbe fest	Comminutivfractur durch Schuss.
Dieffenbach	„mehrere"	Tenotomie des Lig. pat. und Quadriceps bei grosser Diastase, Reibung der Fragmente aneinander und Aneinanderdrängen derselben durch Schnallriemen	„Völlige Erhärtung" oder „bedeutende Besserung"	Malgaigne hält dieseOperation für „durchaus nicht gerechtfertigt".
1842.				
Gatto	1	unmittelbares Aneinanderbringen der Fragmente	Heilung	Querfractur.
1843.				
Rhea Barton	1	Knochennaht	Exitus letalis	—
1845.				
Blandin	1	—	—	—
Hunter	1	häufige active u. passive Bewegungen	Nach 4 Monaten konnte Patientin allein gehen	alte Fractur mit Functionsunfähigkeit,
Bichat	2	—	—	1mal Fusstritt, einmal Bruch beider Kniescheiben d. Convulsionen.
Ch. Bell	1	—	—	Refractur, Zerreissung des fibrösen Callus u. Gelenkseröffnung.
Hévin	1	—	—	Querfractur durch Muskelzug bei einem Tänzer, der sich mit Gewalt in die Luft erhob.
Seutin	1	—	—	Refractur des fibrösen Callus, nach 4 Monaten Amputation.
Fergusson	1	—	gute Heilung	Querfractur, äussere Gewalt.
1846.				
Dieffenbach	1	Knochennaht	—	—

Jahr und Name.	Anzahl.	Eingeschlagene Therapie.	Erfolg derselben.	Bemerkungen.
1847.				
Weickert	3	Scutin'scher Verband	2mal Callus-Bildung, 1mal am 17. Tage mit Verband entl.	Querfracturen,zweimal durch Fall, 1mal durch Hufschlag.
Böheim	4	Böheim's Verband	sehr gute Heilung durch unmittelbare Vereinigung	Querfracturen durch Fall.
Gregory	1	Haarseil durch ligamentöse Vereinigung, heftige reactive Entzündung	Vereinigung durch feste Callusmasse	veraltete Fractur.
1849.				
Gerok (v. Bruns)		Streckmaschine, Malgaigne'sche Klammer	Gehen ohne Stock, kein Hinken	Querbruch durch Fall aufs Knie.
1851.				
Bretschneider	4	2mal ohne, 2mal Bindenverband ⅃	3mal ligamentöse Vereinigung, einmal Callus	3 Querfracturen d. Muskelzug, ein Längsbruch durch Fall auf e. spitzen Stein.
Callisen	40	—	keine Spur eines wahren Callus	frische u. alte Fracturen, (von Bretschneider citirt.)
1852.				
Chassin	4	—	—	2 durch Muskelzug, 1 durch Fall, 1 durch Hufschlag.
Richerand	1	—	—	Querfractur durch Muskelzug beim Tanzen.
1853.				
Fuckel	1	Malgaigne'sche Klammer, darauf hintere Holzschiene, um das ganze Glied Kleisterverband	Bequemes Gehen am Stock, keine Beweglichkeit zwischen den Fragmenten,Beugung leicht und ohne Beschwerden	Querfractur durch Fall, beim Anstossen an einen Stein, während Pat. eine schwere Last trug.
Fuckel	1	Malgaigne'sche Klam-	Beweglichkeit der	Querfractur beim

Jahr und Name.	Anzahl.	Eingeschlagene Therapie.	Erfolg derselben.	Bemerkungen.
		und unten, Knie aber frei, Compressen über der Patella, die durch 2 Seitenzüge gegen eine unter der Sohle befindliche Oeffnung gezogen werden.	berositas Tibiae wieder vereinigt. Bewegung steif u. beschränkt.	berfahrenwerden, dazu Abriss des Lig. pat.
Nélaton	1	Kataplasmen, Emollientia. Nach 8 Tagen Extension, Plan. inclinat.	Nach 5 Wochen keine Beweglichkeit. Gang gut, noch leichtes Hinken.	Fractur durch Fall.
1855. Gerok (v. Bruns)	1	Streckmaschine, Malg. Klammer, später von Bruns'scher Schraubenapparat	knöcherne Verheilung	Querfractur d. Fall auf eine Schwelle.
Gerok (v. Bruns)	1	Malgklammer, nach Eiterung Incision	mit einer Pappschiene entlassen, Endresultat unbekannt	alte Fractur, unentschieden, ob direct oder indirect.
Larrey	1	—	Diastase, Gehen nicht beeinträcht.	—
Gerdy **1857.**	1	—	Diastase, Gehen nicht beeinträcht.	—
Sabatier	1	Streckung im Kniegelenk, Beugung im Hüftgelenk	mässiger Erfolg	Querfractur durch Muskelzug.
1859. Ravoth	1	Hintere Pappschiene, 2 mit Watte gepolsterte, graduirte Longuetten an Basis u. Spitze der Pat. u. mit Heftpflasterstreifen fixirt, darüber Testudo inversa, Lagerung in Heister'scher Beinlade.	knöcherner Callus	Fractur durch Fall, 3 Fragmente.
Morel Lavallée **1860.**	1	Metallene Stifte eingehämmert u. zusammengebunden	—	—
Vorstmann	18	Malgaigne'sche Klammer	Result. sehr befriedigend	—
Guichard	1	Laugier's hyponarthecischer Verband (vereinfachter Boyer'scher	Gehen am Stock ohne Hinken	Fractur durch Fusstritt gegen d. Knie, Muskelzug (?).

Jahr und Name.	Anzahl.	Eingeschlagene Therapie.	Erfolg derselben.	Bemerkungen.
Désormeaux	1	—	Diastase, Gehen ungehindert.	—
Rizet	1	—	Diastase, Gehen ungehindert.	—
1861.				
Cooper	1	Längsschnitt, nicht antiseptisch	knöcherne Vereinigung	—
1862.				
Küchler	3	Annäherung der Fragmente durch Heftpflasterstreifen und Gipsverband	nach 1½ Jahren: Gehen stundenlang ohne Stock, wenig Hinken	Fractur durch Stoss und Schlag gegen d. Knie.
Gerok (v. Bruns)	1	Petit'scher Stiefel, nach Resorption des Ergusses Gipsverband	nach 55 Tagen Bruch völlig geheilt, Gehen gut, Beugung schlecht.	Querfractur d. Fall mit starkem Hämarthros.
Trélat	2	Trélat'sche Modification der Malgaigne'schen Klammer	1mal langer fibröser, 1mal kurzer Callus.	Refracturen durch Muskelzug nach 2 resp. 3½ Jahren (Fractur durch Muskelzug).
1863.				
Velpeau	1	Achterverband (?)	—	Fractur beim Steigen auf eine Leiter (vorher Contusion).
Brunner	1	Gipsverbände und Heftpflaster-Testudo	Aufnahme der Arbeit, Gang niemals hinkend.	Querfractur durch Fall, nach dreimaliger Contusion und Hygrom-Bildung.
1864.				
Bulley	1	Schiene	Vereinigung ligamentös, Beugung blieb gehindert. Pat. steht über den Condylen, zwischen ihr und Lig. breite Vertiefung	nach Heilung einer Fractur 1 Jahr später Ruptur des Lig. pat. mit Erhaltung des fibrösen Callus.
Fergusson	1	—	Diastase 1″	Refractur der Pat. unter Erhaltung d. fibr. Callus.
Gerok (v. Bruns)	1	v. Bruns'scher Schraubenapparat u. Streckmaschine	Gehen gut an einem Stocke	Querfractur durch Fall aus 4′ Höhe.
Brunner	1	Gipsverband, Heftpflasterverband, Gipsverband	fingerbreite, fibröse Zwischensubstanz, Knie beweglich	Comminutivfractur durch Fall aus 10′ Höhe.

Jahr und Name.	Anzahl.	Eingeschlagene Therapie.	Erfolg derselben.	Bemerkungen.
Brunner	1	Schiene, Eis. — Nach Phlegmone mit hohem Fieber Incision und Drainage	Pyämie, Exitus letalis	T-Bruch der Pat. durch Fall von hoher Treppe auf Steinboden, complic. m. Rippenfract.
Brunner	1	Resection des Kniegelenks	Pyämie, Exitus letalis	Comminutivfractur durch Fall, comb. mit anderen Verletzungen
Logan	1	Längsschnitt, Knochennaht mit Silberdraht, nicht antiseptisch	Vereinigung fest	—
Mors-Gum 1865.	1	Knochennaht	Eiterung, Entkräftung, Tod	(M.-G. Arzt in Chicago).
Gouget	1	ohne Behandlung gewesen („günstig, da Pat. die ihm bequemste Stellung eingenommen hat, d. h. die mässig gebeugte")	Pat. (Kürassier) konnte nach 3 Monaten ohne Beschwerden weit gehen, gut Treppen steigen, beim Aufsteigen aufs Pferd sich normal auf die Fussspitze erhèben	Bei der Untersuchung wegen einer Contusion fand sich dieser Bruch, der vor 4 Jahren entstanden war, Diastase 1 cm.
Odier	1	Lagerung in einer Rinne, Extension des Gliedes mit Binden, nachher Kleisterverband	Ziemlich energische Bewegungen sind möglich	Querfractur durch Muskelzug beim Aufrichten („secundäreFractur").
Brunner	1	Heftpflaster-Testudo mit Gipshülle	Diastase kaum 3 '''	Sternbruch durch Sturz aus dem 3. Stockwerk auf d. Strasse.
Cabot	1	Querschnitt, Eröffnung des Gelenkes, Knochennaht	Eiterung, Erysipel, Tod nach 5 Monaten an Tuberculose (nach 13 Wochen einige Bewegungen möglich)	(Cabot Arzt zu Boston).
1866.				
Demarquay	1	Lagerung in einer Rinne und Dextrinverband. Zuletzt ein Apparat: 2 Eisenschienen mit	nach einiger Zeit Gehfähigkeit „mit einiger Sicher-	unbehandelt gebliebene linke Fract. Nach einigen Jahren Bruch der

		gepolsterten Gürteln u. Kniekappen	heit" mit Hilfe eines Stockes	andern Pat., daher Gebrauchsfähigkeit so schwer herzustellen.
e Gros Clark	1	„längerer Aufenthalt im Hosp." Bei der 2. Aufnahme Aufenthalt dort 7 Wochen	„gute Vereinigung". Entlassen mit 2 Finger breiter Diastase	Fractur durch Fall vom Wagen und Hufschlag. Später Ruptur d. ligament. Callus.
e Gros Clark	1	2-monatliche Behandlg.	ligamentöse Vereinigung	Refractur. Die alte ligam. Vereinigung war unverletzt, das obere grössere Fragment war quer gebrochen.
Brunner	1	Schiene, Eis. — Heftpflaster-Testudo, darüber Gipshülle mit Fenster	straffer fibröser Callus. Gehversuche an Krücken. Mit Wasserglasverband entlassen	Querfr. durch Fall auf Strassenpflaster. Bedeutender Erguss. Diastase nicht bemerkbar.
Brunner	1	Schiene, Eis. — Heftpflaster-Testudo, Gipshülle	Gehversuche, mit Gipsverband entlassen, Endresultat unbekannt	Querfractur durch Fall von einer Treppe. Starker Erguss. Diastase sehr gering, 4'''.
Marit	3	Cooper's Lederverband	1 Fall mit Eiterung, 1 Fall nach 65 Tg. entlassen. Resultat war gleich	Doppelbruch durch Stoss, Fall, Hufschlag.
1867.				
Agnew	2	Heftpflasterverbände; bei der doppelseit. Fr. auf 1 Seite der Boisnet'sche Apparat		im 1. Fall beide Pat. gebrochen.
Gibson	1	Gibson's eiserner Ring	knöcherner Callus nach 30 Tagen	Querfractur.
P. F. Eve	2	Gibson's eiserner Ring	nach 5 Wochen: 1 mal Endresultat unbekannt, 1 mal wahrscheinlich knöcherner Callus	Querfractur.
Schuh	1	Malgaigne'sche Klammer	Pyämie, Exitus letalis	—

4

Jahr und Name.	Anzahl.	Eingeschlagene Therapie.	Erfolg derselben.	Bemerkungen.
Kühn	1	Knochennaht mit Silberdraht, Entfernung desselben nach 6 Wochen	nach 6 Monaten nimmt Pat. seinen Beruf als Conducteur wieder auf	Querfractur, erst nach 3 Wochen ärztl. Beh., nach 10 Wochen $\frac{3}{4}''$ breite Zwischensubstanz, später Naht.
,,	1	Gipsverband mit Achtertouren 48 Tage lang, angelegt 16 Tage nach d. Fractur	knöcherne Vereinigung	Fractur durch Muskelzug.
,,	1	Malgaigne'sche Klammer	lange Zeit Schmerzen, Eiterung an d. Einstichsstellen, Diast. 1 ''	K. ist Gegner der Malg. Klammer.
,,	1	Heftpflasterstreifen oberhalb u. unterhalb der Pat., die sich in d. Kniekehle kreuzen, darüber Gipsringe, Pappverband zur Extension, nach 7 Wochen gegipste Rollbinden	eine dem Bruche entsprechende Querlinie bemerkbar. Nach 11 Wochen Bewegungsversuche	Fractur durch Muskelzug bei einem 81-jähr. Manne, Bruchstücke stehen handbreit auseinander, geringer Bluterguss.
Weinlechner	1	Lagerung in einer Streckschiene	nach 4 Wochen Heilung ohne knöcherne Vereinigung	Querfractur d. Muskelzug, mit unvollkommener Zerreissung des sehnigen Ueberzuges.
,,	1	gepolsterte Lade mit Hochlagerung des Fusses; über u. unter d. Pat. 2 gut gepolsterte, halbmondförmige, metallene Bügel, auf dem einen ein Querstab, der durch Riemen an d. Lade befestigt wird, so dass die Bügel d. Fragm. aneinanderdrängen	Gangrän der grossen Zehe, Phlebitis, Lymphangoitis mit Abscess am Unterschenkel u. an der Stelle, wo der obere Bügel gelegen hatte. Kniegelenk eröffnet. Amputation verweigert. Tod.	Querfractur durch Fall; Sectionsergebniss: der Abscess in der Kniekehle hatte die Gelenkkapsel perforirt.
,,	1	mehrere Wochen kalte Ueberschläge u. Gipsverbände	erfolglos. Diastase 3 Querfinger breit, scheinbar keine	Fractur durch Fall.

Anzahl.	Eingeschlagene Therapie.	Erfolg derselben.	Bemerkungen.
		Zwischenmasse. Active Streckung unmöglich. Gehen unsicher.	
1	Amputation des Oberschenkels	Tod.	Schussfractur. Die Kugel hatte ein Stück Tuch mitgerissen, die Pat. zersplittert und Kniegelenk eröffnet.
1	Wunde mit 4 Nähten vereinigt, Bein im Halbkanal, Eisblase	Profuse Eiterung. Nach 1 Monat Gehen am Stock, Beweglichkeit fast normal	Complicirte Commiuntivfractur durch Fall aus einer Höhe von 40'.
1	sofortige Anlegung der Malgaigne'schen Klammer	anscheinend knöcherner Callus. Nach 2 Monaten Fractur weder objectiv noch subjectiv wahrnehmbar	Querfractur durch Fall von d.Treppe.
1	sofortige Anlegung der Malgaigne'schen Klammer	wahrscheinlich guter Erfolg	Querfractur d. Muskelzug. Linke Pat. vor 6 Jahren gebrochen. Diastase 4''.
1	Heftpflastertouren, Gipsverband	schmale Rinne zwischen den Fragmenten. Extension 180°. Flexion 90°, Gehen normal.	Querfractur durch Muskelzug beim Umdrehen.
1	Heftpflasterverband, Gipsverband	Im Beruf ungehindert, kein Hinken, keine Spur d. Verletzung	Querfractur durch Fall vom Wagen auf die Strassse.
1	Durchtrennung des fibrösen Gewebes, Durchbohrung der beiden Fragm. mit einem Pfriemen u. Durchziehen eines Silber-	Heilung zum Theil per primam. Im 4. Monat Gehen ohne Krücke, nach 6 Monaten so gute Heilung, dass Pat.	Querfractur. Nach siebenwöchentl. ärztlicher Behandlung kein Resultat, darauf zu L.

4*

Jahr und Name.	Anzahl.	Eingeschlagene Therapie.	Erfolg derselben.	Bemerkungen.
1868. Cheever	3	drahtes, dessen Enden aus d. Wunde hervorstehen, darüber kalte Compressen. Entfernung des Drahtes nach 6 Wochen —	wiederConducteur werden konnte. Vereinigung vollkommen und fest. —	1864—67 im Boston City Hosp. beobacht. Fälle.
Roudet		Apparat von Valette	guter Erfolg, 1 mal knöchern	—
Volkmann	3	Sehnennaht nach Volkmann	1 mal Pyämie. — 1 mal knöcherner, 2 mal kurzer, fibröser Callus	—
Campbell de Morgan	1	Malgaigne'scheKlammer	„sehr guter"Erfolg, Gehen ,am Stock	—
Dyce Brown	1	Heftpflasterstreifen, nach 4 Wochen fester Verband aus Gummi und Kalk, der 1 Monat liegen blieb	knöcherner Callus, Gebrauchfähigkeit ungehindert	Querfractur durch Fall gegen eine steinerne Treppenstufe bei einem 40-jähr. Potator.
Kühn	1	in der Knickehle gekreuzte Heftpflasterstreifen, darüber ringförmige Gipscompressen, darüber gut wattirter Pappeverband	günstiger Erfolg	Fractur bei einem 81-jährig. Mann.
Madden	1	„conservative" Behandlung	frei beweglichesGelenk ohne Ankylose	complic. Comminutivfractur, Kniegelenk soweit eröffnet, dass die Ligg. cruciata blos lagen.
Lefort	1	2 Guttaperchaschienen, die durch die Malg. Klammer genähert wurden	volständige Vereinigung	Fractur durch Fall, complicirt mit Unterschenkelfractur.
Pelikan	4	P.'s Apparat, allmähliche Näherung der Bruchenden	genaue Vereinigung der Bruchenden	1 mal Fractur durch Fall gegen die scharfe Kante einer Treppenstufe; 1 mal Quérfractur nach Contusion,

„mehrere"

Jahr und Name.	Anzahl.	Eingeschlagene Therapie.	Erfolg derselben.	Bemerkungen.
Pelikan 1869.	1	Malgaigne'sche Klammer	Heilerfolg	1 mal complicirte Querfractur. complic. m. Schenkelbruch.
Aldridge	1	Querschnitt, nicht antiseptisch. Heftpflasterstreifen	Heilung per primam. Vereinigung fest. Nach 6 Wochen besseres Gehen als früher, da die Steifheit nach d. Gonitis gehoben war.	Fractur durch Fall. Früher Gonitis mit tiefen Abscessen und partielle Ankylose; beim Fall klaffte das Gelenk.
Brunner	1	„3wöchentlicher Aufenthalt im Spital."	Gehen mit Hinken. Endresultat unbekannt.	Querfractur durch Fall; erst nach ¼ Jahr klinischer Hilfe.
Brunner	1	gefensterter Gipsverband.	Solide Verwachsung. Mässige Flexion.	offene Querfractur, condyli femoris liegen frei.
Gerok (v. Bruns)	1	Gipsverband mit Pelikan'schem Apparat.	Verband wurde nicht ertragen, ungeheilt.	Querfractur, Refractur des fibrösen Callus, Diastase 4½ cm.
Le Coin	27	sehr verschieden, Contentivverbände sehr spät, in 3 Fällen Behandlung bei flectirtem Knie, 1 Fall von vornherein mit Gipsverband	2 Fälle fast unbeweglich, 19 Fälle wenig beweglich, 8 Fälle Flexion bis 90°, 5 Fälle Flexion über 90°, 1 Fall völlig normal.	20 Fälle durch directe Gewalt (davon nach Lossen 16 durch Muskelzug), nur 7 durch Muskelzug. In 7 Fällen Atrophie des Quadriceps, in 2 F. blieb Hydrarthros zurück, 1 mal Durchbruch des Ergusses und Fistel.
H. Burge	1	Gewichtszug! Je 1 Pfd. ziehen die Fragmente gegen einander	angeblich knöchern.	—
Jeaux	1	Contraaperturen, Jod- u. Alkohol-Injectionen	Gelenk etwas beweglich, breite fibröse Zwischenmasse.	Starker Hämarthros, nach 3 Wochen Eiterung, Heilg. ohne schwere Symptome

Jahr und Name.	Anzahl.	Eingeschlagene Therapie.	Erfolg derselben.	Bemerkungen.
Mac Evoy	1	—	Gelenk etwas beweglich, breite fibröse Zwischenmasse	complicirte Längsfractur.
Leigh	13	—	—	Bericht des St. George-Hosp. 1 direct, 12 d. Muskelzug, 1 Fall Querfract. rechts, knöcherner Callus, darauf links, nach 3 Jahren wieder rechts.
Barbieri	3	—	—	Bericht aus dem Ospital maggiore zu Mailand.
Hutchinson	6	—	—	trotz „eigener" Behandlung völlige Atrophie des Quadriceps.
1870. Zeis	1	Rinne mit Polster, Befestigung mit elastischen Binden	Kein Zwischenraum (fraglich, ob ligamentös oder knöchern)	Fractur, darauf Ruptur des Lig. pat. derselb. Seite.
Woodman	1	Schienen aus Guttapercha	Knöcherne Vereinigung	Querfractur.
Poland	1	Amputatio femoris	—	Eröffnung d. Kniegelenks, Vereiterung, Pyämie, Amputation lebensrettend.
Poland, Zusammenstellung	85	Behandlung nicht angegeben. Von den 85 sind (s. neben) 65 genesen und zwar: 20 ohne Ankylose, 10 mit theilweiser, 21 mit vollständiger Ankylose, bei 5 Resultat unbekannt, die übrigen wurden resecirt oder amputirt.	5 ohne, 1 mit Ankylose . . . . 10 ohne, 5 mit theilweiser, 11 mit gänzlicher Ankylose, 1 unbekannt, 4 Amputationen, 9 Tod 3 ohne, 3 mit theilweiser, 7 mit vollständiger Ankylose, 4 unbekannt, 1 Resec-	= Schnittwunden = 8. = Risswunden = 40.

Jahr und Name.	Anzahl.	Eingeschlagene Therapie.	Erfolg derselben.	Bemerkungen.
			tion, 3 Tod 2 ohne, 2 mit theilweiser, 2 mit vollständiger Ankylose, 2 Resection, 1 Kugelextraction, 1 Amputation, 6 Tod	= Schusswunden = 21. = mit anderen complicirte Patellarfracturen = 16.
Brunner	1	Schiene, Eisblase. — Gipsverband, Testudo.	Fibröser Callus ½ bis 1 cm., Extension 180°, Beugung 50°, Gebrauchsfähigkeit völlig normal, kein Hinken.	Querfractur durch Fall auf steinernem Boden mit einer schweren Last. Am unteren Fragment eine Längsfissur.
Brunner	1	gefensterterGipsverband, offeneWundbehandlung, Eisblasen um das Knie.	Fibröse Zwischenmasse 1½″, mit Kniestützapparat entlassen.	Längs(?)fractur durch Fall von hohem Gerüst; offene Wunde in der Längsachse des Beins.
Listach	1	—	—	Fractur nach früherem Zerreissen des Lig. pat. beim Gehen auf abschüssigemBoden; Knie beugte sich plötzlich vorwärts.
1871. Lagrange	1	Malgaigne'sche Klammer mit nachfolgendem Gipsverband.	Vereiterung, Tod.	Fractur durch Fall gegen eine Trottoirkante.
Weiss	3	—	Heilung.	Bericht d. chirurg. Klinik zu Prag.
Guentner	2	Lagerung auf Schiene, Kniegelenk leicht unterpolstert, um forcirte Streckung zu vermeiden, Oberkörper halb sitzend, Gelenk frei, erst kalte, dann spirituöse, dann warme Umschläge.	Heilung nach 8 bis 10 Wochen mit knöchernem Callus.	2 Fälle aus einer „ganzen Anzahl" als besond. prägnant angeführt.

Jahr und Name.	Anzahl.	Eingeschlagene Therapie.	Erfolg derselben.	Bemerkungen.
Ulmer	2	gewöhnliche Verbandmethode.	breiter, fibröser Callus	—
Ulmer	2	Guttapercha-Platte, darin ein Loch gleich der gesunden Patella, in dies die Bruchstücke hineingedrückt.	knöcherne Vereinigung	—
Leisrink	20	im Allgemeinen Gipsverband	1 Fall am 50. Tage tödtlich durch Erysipel	Statistik aus dem Hamburger allgem. Krankenhause. 2 Fract. d. Muskelzug (?).
Bericht a. d. Garnisonhospital in Baden bei Wien	8	—	—	—
Gerok (v. Bruns)		kalte Umschläge, Gipsverband auf 4 Wochen, alle Woche gewechselt (keine klin. Behandlg.)	Bein fast horizontal zu heben, wird unbedeutend beim Gehen nachgezogen. Empfehlung einer Kniekappe	complicirte Querfractur, unentschieden, ob durch Hufschlag oder durch Fall
Brunner	1	Schiene, Eisblase. — Gipsverband, bis zum Erhärten desselb. Fragmente durch Fingerdruck zusammengehalten, einmalige Erneuerung d. Gipsverbandes. 1 Jahr lang Knieschiene getragen.	Zwischensubstanz fibrös, sehr dünn, biegsam; Extension 170°, Flexion 45°. Starke Atrophie des Quadriceps. Gehen fast normal, wenig Hinken.	Querfractur durch Fall auf das Strassenpflaster, starker Hämarthros
,,	1	Schiene, Eis. — Gipsverband, der nach 3 Wochen entfernt wird. Entlassen mit Streckschiene auf der Beugeseite.	Gehen mit Krücken bei d. Entlassung, Endresultat unbekannt	Querfractur durch Ausgleiten, wobei das andere Bein stehen bleibt. Schon mehrere Wochen heftige Schmerzen beim Treppensteigen
	1			
Belt	1	—	beide Male ligamentöse Vereinigung	Refractur nach einer Fractur vor 4 Monaten

Jahr und Name.	Anzahl.	Eingeschlagene Therapie.	Erfolg derselben.	Bemerkungen.
1872.				
Woodman	1	Planum inclin., Fragmente durch Achtertouren mit Heftpflaster genäht. Am 3. Tage modellirte Guttapercha-Schiene vorn und hinten und Fixirung durch Binden.	nach 11 Monaten vollkommen knöcherne Vereinigung	—
Lücke	6	Malgaigne'sche Klammer nach Trélat'scher Modification	1mal knöchern, sonst „Heilung nicht besser mit diesem, wie mit anderen Apparaten"	chirurg. Univ.-Klin. in Bern pro 1865 —72
Gerok (v. Bruns)	1	v. Bruns'scher Schraubenapparat	—	Fract. wahrscheinlich durch Stoss. (Da Jahr nicht angegeben, so die Zeit der Veröffentlichung angenommen
Guentner	1	Erhöhte Lagerung, halbsitzende Stellung, Antiphlogose.	Vollkommene Heilung	—
Brunner	1	Schiene, Eisblase. Gipsverband, bei Anlegung desselben Fragmente aneinandergedrängt durch Fingerdruck. 2. Gipsverband nach 4 Wochen	nach 12 Jahren: fibröser Callus 1—2 cm, Extension 180°, Flexion 45°, kein Hinken, Gehen völlig normal	Querfractur durch Fall auf ein Schuheisen; starker Gelenkerguss.
„	1	Schiene, Eis. Nach 2 Wochen Gipsverband, nach 4 Wochen erneuert	nach 12 Jahren: fibröser Callus 1½—2cm. Active Extension 180° u. Flexion 45°. Kein Unterschied in den Bewegungen beider Beine	Querfractur durch Fall auf Steinboden.
„	1	Schiene, Eis. Nach 8 Tagen Heftpflasterstreifen über die Fragmente	nach 13 Jahren: Fibröser Callus. Bei Extension auf 180° Gelenk anky-	Querfractur durch Fall auf einen spitzen Stein bei

Jahr und Name.	Anzahl.	Eingeschlagene Therapie.	Erfolg derselben.	Bemerkungen.
		u. Gipsverband, nach 4 Wochen 2. Gipsverband	lotisch u. Flexion unmöglich. Gang hinkend, nur mit Stock, das steife Bein im Bogen nach vorn gebracht. Unfähig zum Beruf.	einem 53jährigen Landwirth
1873. Curtis Smith	1	Bandagirung bei gebeugtem Knie	knöchern nach 6 Wochen	complic. Fractur.
Sutcliffe	1	Verband rechts nach Dr. Lambourne's of Lowell, links nach Astley Cooper	rechts knöcherne, links ligamentöse Vereinigung	Querfractur beider Pat. durch Fall (beim Aufrechthalten).
Brunner	1	Schiene, Eis. Nach 18 Tagen ungefensterter Gipsverband, nach 4 Wochen Erneuerung desselben.	derber fibröser Callus. mit Streckschiene entlassen. Gehen mit leichtem Hinken	Querfractur durch Fall von der Treppe auf Steinboden.
„	1	Heftpflaster - Testudo mit Gipshülle	fester Callus. Endresultat unbekannt	Querfractur durch Fall von d. Leiter auf die Strasse.
1874. Manning	1	Eigene Behandlung mit hinterer Holzschiene, vom Tub. isch. bis zur Ferse, u. Heftpflasterstreifen	kleine Verdickung am oberen Rande der Patella	Querfractur, obere Stück sehr klein.
Brunner	1	Gipsverb., Annäherung der Fragmente durch Fingerdruck, nach 4 Wochen 2. Gipsverband. Mit Knieschiene entl.	nach 10 Jahren: active Extension 170°, Flexion 60°. Gang hinkend, Knie stets mit Binden umwickelt, um sicherer zu gehen. Leichte Ermüdung und Schmerz in beiden Knien u. Hüftgelenken. Nach der Entlassung war die Function besser gewesen	Querfractur durch Hufschlag. Erguss mässig. Später Arthritis deformans. Pat. war 65 Jahre alt.
Brunner	1	2 maliger Gipsverband; Annäherung der Frag-	Gehen völlig normal, tanzt, Hinken	Querfractur nach einem Sprung über

1875.	Anzahl Fälle seit 6 Jahren	...druck bei Anlegung des ersten	trägt schwere Lasten	Monate lang vorher nach einem Fall stets Schmerzen im Knie.
Grynfeldt	1	Ledergurt mit Draht-haken, welche d. Gummi verbunden s. (= Malg. Kl.)	z. Th. knöcherner Callus	--
L. Fort		Guttaperchastreifen über u. unter den Bruch-enden, mit Binden u. Heftpflasterstreifen befestigt, in ihnen je 5 bis 6 Drahthaken, die d. einen Kautschukfa-den verb. s.	gute Adaption der Fragmente, knö-cherne Heilung selten	—
Moreau	2	1) Schraube in das obere Fragment gebohrt, durch eine Schiene nach unten gezogen, dazu Wasserglasver-band. 2) Rigaud'sche Apparat (ähnl. d. Malg. Klammer)	1) fibröse Verbin-dung mit theil-weiser Ossifica-cation, 2) voll-ständig knöcherne Vereinigung	Querfracturen, der 2. Patient 68-jährig.
Wohlers	2	—	1 mal ligamentös	Längsfracturen, 1) durch Ueberfah-ren von einem Eisenbahnwagen, 2) als zufälliges Sectionsergebniss.
Valette	17	meist eine Modification der Malg. Klammer (unabhängig von ein-ander bewegliche Ga-beln) mit Trélat'schen Guttaperchaplatten, in einzelnen Fällen erst Compressionsverbd.	meist knöcherner Callus, (ein un-günstigeres Re-sultat schiebt V. auf die zu späte Anlegung der Klammer nach vorherigem Com-pressionsverband)	chirurgische Klinik zu Lyon.
Le Coin?	24?	—	—	Pariser Hospitäler.
Broca	1	--	—·	Querfractur nicht diagnosticirt; Pat. läuft 14 Tage

Jahr und Name.	Anzahl.	Eingeschlagene Therapie.	Erfolg derselben.	Bemerkungen.
				unter Schmerzen herum, Zerreissung der apponeurotisehen Theile, Bruch klafft.
Brunner	1	Hohlschiene, Eis. — Gipsverband	knöcherner Callus. Wiederaufnahme des Berufes	Querfractur durch Fall auf Holzboden.
Volkmann	1	Punction des Gelenkes am 2. Tage mit Aspiration	in 8 Wochen feste Verheilung, vielleicht knöchern	typischer Querbruch.
1876.				
Marcy	3	2 Heftpflasterstreifen, gefensterter Gipsverband mit eingegipsten Drahtschlingen oben u. unten, die mit den freien Enden der Heftpflasterstr. verbunden werden (zur Annäherung der Fragmente)	fibröser Callus, sehr geringe Diastase	—
Morris	1	Sanborn's Methode	gutes Resultat	—
Bissel	1	2 seitl. Pappschienen, die vorn die Pat. frei lassen	knöcherner Callus	—
Diarmid	1	Carbolöl, nicht streng antiseptisch	fibröser Callus, bewegliches Gelenk, gutes Gehen	complicirte Comminutivfractur.
Lane	1	Wunde durch Silbersuturen geschlossen, hintere Schiene	keine Eiterung, Gelenk frei beweglich	complicirte T-Fractur durch directe Gewalt.
Hearn	1	geeignete Lagerung d. Beines	Heilung	Querfractur.
Brunner	1	Schiene, Eisblase. — Gefensterter Gipsverband, die Fragmente werden durch eingeschobene Watte genähert	straffe, bindegewebige Consolidation, Gehen ohne Hinken. Arbeitsfähigkeit	Querfractur durch Fall von der Treppe auf harten Boden.
1877.				
Brown	1	Heftpflasterstreifen mit elastischen Binden	gutes Resultat	—
Morgan	1	—	—	—
Howe	59	Dauer d. Behandlung 6 Wochen	geringe Diastase, zweimal knöchern	48 directe Fracturen, 11 durch

Jahr und Name.	Anzahl.	Eingeschlagene Therapie.	Erfolg derselben.	Bemerkungen.
				Muskelzug. (47 Männer, 12 Frauen).
Legendre	1	Lagerung im Halbkanal	Gelenkeiterung, Tod am 7. Tage	complic. Fr. d. Fall, 3 Fragmente, deren mittleres perforirte (91-jähr., blödsinnige Frau).
Marey	1	—	ligamentöse Vereinigung beider Bruchstücke, Diastase $\frac{1}{4} - \frac{1}{2}$ ''.	Querfractur beider Patellae durch Muskelzug beim Aufrechthalten.
Schede	5	Punction mit Aspiration u. Ausspülung mit 3 $\frac{0}{0}$ Carbollösung	4 mal knöcherner Callus (1 mal jedoch wieder gelöst), 1 mal 4 cm. Diastase ohne Functionsstörung.	—
Cameron	1	Längsschnitt, Knochennaht mit 2 Silberdrähten	ligamentöse Vereinigung, gute Beweglichkeit	Querfractur, fibröser Callus, Refractur u. Zerreissung des Callus, Naht.
Lister	1	Längsschnitt, Knochennaht mit Silberdraht, Drainage (mit Pferdehaaren), Draht entfernt	Vereinigung fest, Gelenk beweglich, nach 10 Wochen Flexion bis 30°.	frischer Querbruch, die Fragmente waren nicht zu adaptiren.
Schede	1	Querschnitt, Annäherung erst nach centrifugaler Einwickelung des Oberschenkels mit Gummibinden möglich, Knochennaht mit 2 Silberdrähten, nachher Gipsverband	Vereiterung, Ankylose	83 Tage alte Fractur; das obere, kleinere Fragment hatte sich auf die Kante gestellt, keine Consolidation, daher Operation.
Volkmann	4	Knochennaht nach querer Durchsägung	Nach 14 Tagen Pat. wieder ganz fest	Bei Kniegelenksresectionen nach V. Methode.
1878.				
Flot	2	—	—	Sectionsbefunde.
Pineau	1	—	fibröse Vereinigung, Gehen erschwert, namentlich das Treppensteigen	Fractur der linken, 6 Monate später der rechten Pat., nach 18 Monaten Refractur rechts.

Jahr und Name.	Anzahl.	Eingeschlagene Theiapie.	Erfolg derselben.	Bemerkungen.
				quer, durch Muskelzug mit Erhaltung des fibrösen Callus.
Smith	1	subcutane Durchschneidung des Quadriceps, Antrischung, Silbersutur	prima int. In der 5. Woche Beginn d. passiven Bewegungen, in der 8. Woche ohne Schienen, Flexion 45°, keine Diastase, Pat. auf den Condylen verschieblich	zweimaliger Bruch derselben Pat. mit Sprengung der fibrösen Vereinigung, Diastase 2″.
Uhde	1	Längsschnitt, Anfrischung, Silberdräthe durchgerissen, Eisendrahtnäthe	Feste Bandmasse, Beweglichkeit beschränkt	Querbruch durch Muskelzug, Refractur, Diastase 4 cm.
von Langenbeck	1	Querschnitt, Knochennaht mit Silberdraht, keine Drainage	Vereiterung, Amputatio fem., Pyämie, Tod nach 16 Tagen	Frische Fractur.
v. d. Meulen	1	Längsschnitt, Gelenk nicht eröffnet, Platindraht kurz abgeschnitten, auf d. Pat. flach gehämmert u. eingeheilt.	Nach 6 Monaten knöcherne Vereinigung, Gehfähigkeit normal, keine Spur der Fractur	Fragmente in 3cm. Distanz lassen sich durch Binden nicht zusammenbringen.
Trendelenburg	1	Querschnitt, Silberdraht durch Eisendraht ersetzt	Knöcherne Vereinigung, Gehfähigkeit völlig normal	1½ Monate alte Fractur, Diastase daumenbreit, Functionsstörung
Henry Smith	1	Längsschnitt, 2 Silberdräthe, Durchschneidg. d. Quadriceps-Sehne.	Knöcherner Callus, Beweglichkeit normal	—
Bull	1	Längsschnitt, Eisendraht	Vereiterung, Pyämie, Tod nach 14 Tagen	—
Wyeth	1	Anfrischung der Fragmente, Eisendraht, Drainage	Vereiterung, Tod	Fractur durch Fall auf der Treppe, Functionsunfähigkeit, fibröser Callus, nach 2 Jahren Operation.

Jahr und Name.	Anzahl	Eingeschlagene Therapie.	Erfolg derselben	Bemerkungen.
Heine	1	Anfrischung der Bruch-enden, Malgaigne'sche Klammer	sehr wesentliche Besserung	Patellarpseudar-throse.
Jourowsky	2	Punction, Fragmente durch Achtertouren adaptirt, Gipsverband	im 1. Fall „voll-kommene Consoli-dation", im 2. fibröser Callus, Gehen „leidlich"	1mal Punction am 2. Tage, nur 30 gr. Blut entleert, Co-aptation unvoll-kommen.
Amphlet	1	Knochennaht	Vereiterung, Anky-lose	3 Wochen alte Fractur.
Panas	1	Silberdraht durch die Fragmente u. Haut ohne Incision	—	—
Thomas	2	ohne Behandlung	Gehen völlig nor-mal trotz der Dia-stasen von 4″ u. 1½″	ein Schiffscapitain und ein Akrobat(!)
1879.				
Gerst	1	Massage d. Gelenkes zur Resorption des Bluter-gusses, lange Holz-schienen mit je 2 Oeff-nungen an der Seite des Knies, durch welche Flanellbinden gezogen werden	nach 42 Tagen ge-naue Vereinigung, Steifheit im Ge-lenk.	—
Rossander	3	Entfernung des Ergusses durch Massage, Conten-tivverband um das Knie	ligamentöse Verei-nigung. 1mal Gehen ohne Stock u. ohne Hinken, Flexion 90°.	—
Berghman (Mezger)	1	Massage (von Mezger selbst), Bewegungen, Electricität. Fortsetzg. 2 Monate	Nach 1 Monat Flexion 90°. End-resultat: Gang unbehindert, auch auf Treppen, eine geringe Ungleich-heit beruht auf d. noch nicht ganz gehobenen Atro-phie d. Schenkel-musculatur	Pat. (Offizier) kam wegen alter Pat.-Fractur zu M., der ihm keine Heilung versprach. Beim Herausgehen aus dessen Wohnung d. Fall Refractur in 3 Stücke. Dar-auf Behandlung.
Brunner	1	Schiene, Eisblase. Gefen-sterter Gipsverband, Adaption durch Ein-	Pat. hat das Bett bis zu seinem Tode, der bald eintrat.	Querfractur durch Fall aufs Eis.

Jahr und Name.	Anzahl.	Eingeschlagene Therapie.	Erfolg derselben.	Bemerkungen.
		schieben von Watte. Mit Gipsverband entlas.	nur selten verlassen	
Brunner	1	Schiene, Eis. Gefensterter Gipsverband, Einschieben von Watte über d. ob. Fragment zur Adaption. Nach 8 Wochen 2. Gipsverband	Mit Knieschiene entlassen, geht mit gestrecktem Bein ganz ordentlich, übt seinen Beruf ungehindert aus	Querfractur durch Fall auf d. scharfe Kante einer Steinplatte.
,,	1	Gipsverband	Mit Verband entlassen. Weiteres unbekannt	Querfractur durch Muskelzug. Pat. wird von einem Hunde zu Boden geworfen, sagt, dass er mit d. verletzten Knie den Boden nicht berührte.
Lister	1	Längsschnitt, Knochennaht mit Silberdraht, nach 8 Wochen Incision d. Narbe u. Entfernung des Drahtes	Knöcherner Callus. Nach 6 Wochen steht Pat. auf. Nach 10 Wochen Flexion 90⁰	6 Tage alte Fractur, Diastase 1''.
,,	1	Längsschnitt, Anfrischung, Knochennaht, bei passiven Bewegungen lässt d. Sutur nach, Anziehen derselben	Knöcherne Vereinigung. Früher schon Atrophie u. Ankylose, aber später noch etwas Flexion	$3\frac{1}{2}$ Monate alte Fractur.
Schede	1	Querschn., Anfrischung, Knochennaht m. Catgut	Vereiterung, Ankylose, Tod nach 6 Monaten an anderer Affection	14 Tage alte Fractur. Section: Tibia u. Femur knöchern verwachsen.
Metzler	1	Querschnitt, Knochennaht mit Seidenfäden, die einheilten. Drainage. Nach 16 Tagen Gipsverband	nach $7\frac{1}{2}$ Wochen fibröser Callus. Gehfähigkeit normal, Flexion 30⁰ (100⁰ ?)	frische Fractur, Diastase 2cm.
Pfeil-Schneider	1	Längsschnitt, Knochennaht, 2 Silberdrähte eingeheilt, Drainage	Vereinigung fest, Gehfähigkeit normal, Flexion 70⁰	frische Fractur, bedeutender Erguss Diastase 2cm.
W. Roser	2	Längsschnitt, 2 Silberdrähte, die später her-	Callus knöchern. 1. Fall Flexion 90⁰, 2. Fall beschränkt	Beide Operationen an 1 Tage, Frac-

Jahr und Name	Anzahl	Eingeschlagene Therapie	Erfolg derselben	Bemerkungen.
		ausgenommen werden, Drainage.		turen 3 Wochen alt.
W. Roser	1	—	guter Erfolg	Fractur durch Fall eines Stückes Holz auf das Knie.
Koenig	1	Längsschnitt, Naht mit Catgut	Vereiterung, Anky-lose.	Fractur 3 Wochen alt.
Royes Bell	1	Längsschnitt, 2 Silber-drähte, subcutane Durchschneidung des Rectus.	Vereinigung knö-chern, Gehen gut, Flexion 60°	alte, schlecht geheilte Fractur, Gang beschwerlich.
„	2	Knochennaht	Beweglichkeit nor-mal	alte Fracturen.
„	1	Knochennaht	Vereiterung, Be-weg. beschränkt	frische Fractur.
Wheeler	1	—	Vereinigung knö-chern	Präparat.
Bryant	5	4 unblutig, 1 nach Lister	stets guter Erfolg	Operation bei unbrauchb. Bein.
Gosselin	40	—	2 mal straffer, fibrö-ser Callus, sonst Diastase 1— 2 cm.	—
Trendelen-burg	1	Anfrischg., Knochennaht mit Silberdrähten, die einheilten.	Gehen fast normal, Extension voll-kommen.	Fractur durch Sturz. Nach 6 Wochen daumenbreite Narbe.
1880. Coriveaud		—	—	Fractur rechts durch Fall von d. Treppe, bald darrauf links beim Stehen (Patholo-gische Knochen-beschaffenheit?)
Richet	1	Collodiumbepinselung u. Wattecompression, später inamovibler Verband.	Endresultat unbe-kannt	Refractur durch Fall rücklings nach einer Fractur vor 30 Jahren.
Wight .	3	Plan. inclin. simpl., Sandsack, Extensions-gewicht.	—	—
Petit	1	5 Wochen lang alle 2 Tage Faradisation des Triceps.	Pat. fühlt sich fester auf seinen Beinen	alte Fractur, Geh-behinderung, hochgradige Atro-phie.

5

Jahr und Name.	Anzahl.	Eingeschlagene Therapie.	Erfolg derselben.
Hamilton	127	Hochlagerung, Dorsal-schiene, Bindenein-wickelung, von ihm con-struirtes Plan. inclinat.	gute Erfolge
Cameron	1	Längsschnitt, Knochen-naht mit Silberdraht.	Gehfähigkeit nor-mal
Tinoco	7	—	—
Schönborn	1	Knochennaht	sehr zufriedenstel-lendes Endresultat
Langenbuch	1	Aspiration des Hämar-thros erfolglos. Quer-schnitt, 2 Silberdrähte eingeheilt.	Vereinigung fest, Gehfähigkeit nor-mal
Koenig	1	Querschnitt, Knochen-naht mit Catgut (vor-her Platindraht)	Vereinigung knö-chern, Beweglich-keit gering
Göring	1	Querschnitt, Knochen-naht, 2 Platindrähte eingeheilt, keine Drai-nage.	Vereinigung fest, Beweglichkeit normal
Holmes	1	antiseptische Suturen.	Nach 5 Wochen Callus fibrös, nach 7 Wochen aus d. Bett
Lister	1	Längsschnitt, Knochen-naht mit Silberdraht, Zerreissung d. Drahtes bei passiven Bewegun-gen nach 4 Wochen, Operation wiederholt.	Vereinigung knö-chern, Flexion 90°, Pat. konnte aber nicht knieen. Extension voll-kommen
Lister	1	Längsschnitt, Knochen-naht, Silberdraht, flach gehämmert, heilt ein	nach 8 Wochen entlassen, Ver-einigung fest, nach 3 Jahren Flexion 90°
Ranke	1	Knochennaht mit Catgut.	Callus knöchern, Pat. kann nach 20 Monaten ohne Kniescheibe keine halbe Stunde ge-hen.

Jahr und Name.	Anzahl	Eingeschlagene Therapie.	Erfolg derselben.	Bemerkungen.
Ranke	1	Sutur mit Catgut	Callus knöchern, Flexion beschränkt.	5 Monate alte Fractur.
Oberholzer	7	peripatellare Naht n. Kocher.	1 mal wegen Gonitis supp. Knochennaht, 1 mal nach Eiterung Tod, 1 mal knöcherne Vereinig., 4 mal leidliches Endresultat.	—
1881. Brunner	1	Schiene, Eis. gefensterter Gipsverband, täglich zwischen Gipsverband u. oberes Fragment Watte eingeschoben. Mit Wasserglasverband entlassen.	Ligamentöse Vereinigung nach 4 Jahren: Extension 180°, Flexion 60°. Gang normal, ohne Hinken.	Querfractur durch Fall anf den hölzernen Zimmerboden.
„	1	Schiene, Eis. Hohlschiene mit Nägeln, Achtertouren eines Kautscbukschlauches. Verband nicht ertragen. Heftspflaster - Testudo, mit Wasserglasverband entlassen	Fibröse Vereinigung. Nur noch bekannt, dass Pat. nicht mehr Dachdecker, sondern Knecht ist.	Querfractur durch Fall aus 20' Höhe auf einen Stein.
„	1	Sehnennaht nach Kocher, Refractur nicht behandelt	Trotz einer Diastase von 3 cm. zwischen mittl. und unt. Fragm. Gehen normal, ohne Hinken. Behinderung nur beim Abwärtsgehen.	Stoss gegen das Knie, 3 Wochen darauf Querfractur durch Fall. Heilung mit fibrösem Callus. 1 Jahr später Refractur d. Muskelzug.
„	1	Desinfection, Schiene. Nach 6 Wochen Gipsverband	Gehen ordentlich, Knie wird noch etwas steif gehalten.	offene Querfractur durch Hufschlag, starker Erguss.
„	1	Knochennaht mit 2 Silberdrähten, Drainage,	Callus knöchern. Flexion 90°. Gehen noch behindert	offene Querfractur durch Hufschlag, starker Erguss.
Socin	1	Querschnitt, Knochen-	Vereinigung knö-	Punction, dabei

Jahr und Name.	Anzahl.	Eingeschlagene Therapie.	Erfolg derselben.	Bemerkungen.
		naht mit Catgut, Drainage, nach 14 Tagen Gipsverband.	chern, Gehfähigkeit normal, leichtes Hinken.	Lufteintritt ins Gelenk und Eröffnung dess., Operation.
Koenig	1	Querschnitt, Knochennaht mit Seidenfäden, welche liegen bleiben. (Punction am Tage nach der Fractur misslang)	Knöcherne Vereinigung, Patient geht mit Stock kaum 100 Schritt; nach 2 Jahren ankylotisches, bei Bewegungen schmerzhaftes Gelenk.	8 Tage alte Fractur bei einem 71-jährigen Mann.
Lister	1	Längsschnitt, Knochennaht mit einheilendem Silberdraht	Callus knöchern, nach 14 Tagen passive Bewegungen, nach 6 Wochen Gehversuch, nach 5 Monaten Gehen normal, in feuchter Jahreszeit Schmerzen	frische Fractur durch Muskelzug beim Aufrechthalten bei 62-jähr. Mann, Diastase gering, starker Erguss.
Lister	1	Längsschnitt, Knochennaht mit Silberdraht	Vereinigung fest. Pat. geht nach 6 Wochen. Endresultat: Function vollkommen normal	Fractur durch Fall von der Treppe, Diastase daumenbreit.
Poncet	1	Knochennaht	fibröse Vereinigung, Ausgang gut	alte Fractur. Adaption d. Fragmente unmöglich.
Turner	1	Längsschnitt, Knochennaht mit 2 Silberdrähten, Drainage	Callus knöchern, Eiterung, Ankylose	Refractur nach einer Fractur vor 21 Jahren.
Parker	2	im 2. Falle Incision u. antiseptische Naht	im 1. Fall Callus knöchern, im 2. Fall Heilung	im 2 Fall grosse Diastase
Trésoret	1	ohne Behandlung	schmaler, fibröser Callus	Fractur d. Fall, Pat. geht unter heftigen Schmerzen u. mit gestrecktem Knie noch 2 km. weit, 10 Wochen später

Jahr und Name.	Anzahl.	Eingeschlagene Therapie.	Erfolg derselben.	Bemerkungen.
Oks	1	Testudo mit Flanellbinden, darüber circulärer, gefensterter Gipsverband, dicht über u. unter d. Pat. quere Hölzer eingegipst, die zus. gebunden werden, völlige Adaption d. Fragmente	nach 10 Wochen Heilung ohne Diastase	führt ein Hygrom der Bursa praepat. ihn zum Arzt, der die Fractur constatirt. Querfractur, Diastase 3 cm.
Cock	1	Punction mit Ausspülung Heftpflaster- u. Schienen-Verband	feste Vereinigung	Querfractur, complicirt m. Fr. d. Vorderarms.
Richet	1	Verband	Erysipelas phlegmonosa, Vereiterung, Tod	Decubitus an der Kante der Tibia durch d. Verband, nach 14 Tagen Gehversuche. — Section: Empyem d. Gelenks, beginnende eiterige Einschmelzung d. fibrösen Callus.
Desguin	1	Nachbehandlung: Massage und passive Bewegungen	fibröser Callus 1 cm. breit, nach 4 Mon. Funct. normal	Querfractur d. Muskelzug bei Fehlsprung (Gymnastiker).
Cameron	1	Knochennaht, Drainage	Abscesse, Callus knöchern, Steifigkeit im Gelenk, Flexion beschränkt, nach 8 Monaten Steifigkeit aufgehoben	2 Tage alte Querfractur durch Muskelzug beim Aufrechthalten.
Weinlechner	1	Knochennaht mit 3, später entfernten, Silberdrähten	feste Vereinigung Gehfähigkeit befriedigend	—
1882. Jessop	2	Knochennaht	1 mal Eiterung, Beweglichkeit gut	frische Comminutivfractur.
Fowler	1	Querschnitt, Knochennaht (Punction war erfolglos)	Karbolintoxication, Tod nach 31 Stunden	15 Tage alte Fractur, starker Hämarthros.

Jahr und Name.	Anzahl.	Eingeschlagene Therapie.	Erfolg derselben.
van der Meulen	1	Längsschnitt, Knochennaht mit Platindraht, ohne Eröffnung d. Gelenkes, Drähte nicht entfernt	Gehfähigkeit normal
Koenig	1	Querschnitt, Knochennaht mit Catgut	Eiterung, am Ende der 5. Woche Ausstossung eines nekrotisirten Fragmentstückes, Ankylose
Rosenbach	1	Querschnitt, Knochennaht mit Catgut	Callus knöchern, Knie beweglich, Function gut
„	1	„	Functionsfähigkeit
Fincke	1	convexer Querschnitt, Knochennaht mit 2, eingeheilten, Eisendrähten	nach 1 Jahr: Resultat unvollkommen, Beugung beschränkt
Lauenstein	1	convexer Querschnitt, Knochennaht mit 2, eingeheilten, Silberdrähten (Punction erfolglos)	Vereinigung solide, Gehfähigkeit normal, Flexion 90⁰
Wahl	1	Querschnitt, Knochennaht mit 2 Silberdrähten	Part. Necr. d. unt. Fragment., Callus knöch., Gehfähigkeit normal
Timme	1	Knochennaht mit 2 Silberdrähten (Punction erfolglos)	Vereinigung fest, Gehen normal, Flexion 90⁰
Mauwen	1	Längsschnitt, Knochennaht mit Silberdraht	Callus knöchern, Gehfähigkeit gut
„	1	Knochennaht	Gehen gut, Flexion 45⁰
„	1	Längsschnitt, Knochennaht mit Silberdraht	Flexion 90⁰
Hartwich	1	Längsschnitt, Knochennaht mit 2, eingeheilten, Silberdrähten	Vereinigung fest, Beweglichkeit gut
Cameron	1	Querschnitt, Knochennaht mit, eingeheiltem, Silberdraht, Drainage	Vereinigung nicht allseitig fest, Gehen normal, ohne Hinken, ohne zu ermüden

Jahr und Name.	Anzahl.	Eingeschlagene Therapie.	Erfolg derselben.	Bemerkungen.
Hutschinson	1	Eis (7— 10 Tage), Heftpflasterstreifen, Schiene	—.	—
Meibük	1	antiseptische Knochennaht	—-	Querfractur.
Thomson	1	Knochennaht	—	Refractur nach der Knochennaht
English	5	Gips- od. Tripolithverbd. nach Art d. Petit'schen Stiefels mit Freilassung der Pat., gleichmässige Polsterung des Beines, dann Testudo mit 2-köpfiger elast. Binde	4mal knöcherne Vereinigung. Die Pat. nehmen ihren Beruf wieder auf	E. empfiehlt diesen Verband.
Trendelenburg	1	Querschnitt, Knochennaht mit 2, eingeheilten, Silberdrähten	Gelenk steif	—
Wyeth	1	Querschnitt, Knochennaht mit 2 Drähten, Drainage, „unter strengster Antisepsis"	Eiterung, Erysipel, Amputation des Oberschenkels. Heilung	offene Querfractur, mehrere grosse Wunden, Diastase 1", Pat. war von einer Woge gegen die Schanzverkleidung des Schiffes geschleudert.
Weelhouse	1	Knochennaht	gute Beweglichkeit	frische Fractur.
Macewn	2	Längsschnitt, 1mal Silberdraht nach 6 Wochen entfernt, 1mal Naht mit „Chromic sut"	Callus knöchern, nach 10 Wochen Gehversuch, nach 16 Wochen Flexion 45°	frische Fractur.
„	1	Längsschnitt, Knochennaht mit eingeheiltem Silberdraht, keilförmige Incision in d. Quadriceps	Callus knöchern, nach 10 Wochen Gehversuch, nach 1 Jahr arbeitsfähig, Flexion 90°	9 Monate alte Fractur, Diastase 6", Arbeitsunfähigkeit.
Rose	1	Knochennaht	Vereiterung, Beweglichkeit unvollkommen	—
Teale	1	Knochennaht, Sutur durch d. Lig. pat., da d. unt. Fragm. klein	Beweglichkeit gut, Flexion etwas verhindert	einige Monate alte Fractur

Jahr und Name.	Anzahl.	Eingeschlagene Therapie.	Erfolg derselben.	Bemerkungen.
Bryant	1	Metallsutur, Desinfection mit Jodwasser	geringe Eiterung, Vereinigung fest; nach 1 Jahr Knie steif, aber gut gebrauchsfähig	alte Fractur, Diastase $1^3/_4$".
1883. Brunner	1	Schiene, Eis. Heftpflaster-Testudo, Wasserglasverband	nach 2 Jahren: Extension 180^0, Flexion 80^0. Gehen völlig normal	Querfractur durch Fall auf das Pflaster.
„	1	Plan. inclinat., Eis	nach 1 Jahre: Extension 180^0, Flexion 90^0; Gehen mit leichtem Hinken, im Beruf nicht gestört	Querfractur durch Fall aus 50' Höhe auf ein scharfkantiges Stück Holz.
„	1	Schiene, Eis. Trélat'sche Modification d. Malg.'schen Klammer	Callus fibrös. Nach 1 Jahre: Gehen ohne Hinken, Flexion 120". Im Beruf ungehindert	Querfractur durch Fall auf einen Stein.
„	1	Schiene, Eis. Trélat'sche Klammer, Wasserglasverband	Callus kurz, fibrös. Gehversuche, Resultat unbekannt	Querfr, Pat. wird d. einen Wagen geg. eine Mauer geschl.
Lister	1	Naht durch d. Lig. pat., ein Silberdraht, eingeheilt	Callus knöchern, nach 4 Wochen Flexion normal, nach 11 Wochen vollkommen arbeitsfähig	frische Comminutivfractur bei einem 67jährigen Patienten.
van d. Meulen	2	Längsschnitt, Knochennaht mit eingeheiltem Platindraht, ohne Gelenkeröffnung. Ebenso bei der Refractur	Beweglichkeit gut, Diastase 1mm, Erfolg auch bei der Refractur gut	Refractur 5 Monate nach der Fractur.
Trendelenburg	1	bogenförmiger Querschnitt, Knochennaht mit 2, eingeheilten, Silberdrähten	Vereinigung fest, nach 9 Wochen Gehfähigkeit normal	Operation erst 3 Wochen nach der Fractur, zur Verminderung der Gefahren.
Dicken	1	Querschnitt, Knochennaht mit 2, eingeheilten, Silberdrähten	mässige Eiterung, knöcherne Vereinigung	$3\frac{1}{2}$ Wochen alte Fractur.
Watzl	1	Querschnitt, Knochennaht mit Silberdraht	Gelenk beweglich	—

Jahr und Name.	Anzahl.	Eingeschlagene Therapie.	Erfolg derselben.	Bemerkungen.
Pozzi	1	Querschnitt, Knochennaht mit 2, eingeheilten, Silberdrähten	fibröse Vereinigung, Ankylose	12 Tage alte Fractur.
Beauregard	1	Längsschnitt, Knochennaht mit, eingeheiltem, Silberdraht, Sutur durch das Lig. pat.	kein knöcherner Callus, Fragmente beweglich. Nach 2 Monaten Arbeitsaufnahme	Diastase 4—5cm, Unmöglichkeit einer genauen Annäherung.
Wahl	1	Querschnitt, Knochennaht mit 2 Suturen (nach erfolgloser Punction)	Callus knöchern. Flexion 90°, Extension kraftvoll, nach 1 Jahr normale Function	Querfractur durch Fall auf das Trottoir.
Rosenbach	3	Knochennaht mit Catgut	—	—
Ward	5	Knochennaht nach Lister	sehr guter Erfolg	3 einfache, 2 complicirte Fracturen.
Fuller	3	Knochennaht mit 2 Silberdrähten, Ausspülung mit Sublimat	Gehfähigkeit normal	—
Shirley	2	Knochennaht mit eingeheilten Drahtsuturen	1mal Flexion mangelhaft, 1mal Resultat gut	1 Fractur 6 Monate alt, 1 frisch.
Wheelhouse	1	Knochennaht u. Malgaigne'sche Klammer, Entfernung derselben am 30. Tage	Flexion 90°.	5 Monate alte Querfractur durch Fall.
Clark	1	Knochennaht mit Silberdraht, entfernt nach 33 Tagen	Knie etwas steif	Querfractur durch Fall.
Jones	1	Anfrischung, Knochennaht mit 2 Suturen mit versilbertem Kupferdraht (entfernt nach 6 Wochen), subcutane Durchtrennung des Rectus	Vereinigung fest, Flexion gut, trotz unvollständiger Antiseptik	7 Monate alte Fractur, Diastase 2½″.
Wood	1	Knochennaht nach Lister	Tod am 15. Tage an Sepsis.	Fractur links, 5 Jahre später rechts, Diast. 5″.
„	2	Knochennaht nach Lister	1mal gute, 1mal beschränkte Beweglichkeit	alte Fracturen.
Johns. Smith	3	Knochennath	Vereiterung, Ankylose, 1mal Bron-	alte Fracturen.

Jahr und Name.	Anzahl.	Eingeschlagene Therapie.	Erfolg derselben.	Bemerkungen.
			chopneumonie nach d. Aetherisirung.	
Golding Bird	1	Knochennaht mit Seidenfäden	Gehfähigkeit gut.	alte Fractur.
Davis Colley	2	Knochennaht, im 2. Fall 1 Sutur durch das Lig. pat.	im 1. Fall Beweglichkeit gering, im 2. Fall gut bei ligamentöser Vereiniguog.	frische Fracturen, die eine Comminutivfractur.
Holderness	1	Knochennaht	Ausgang gut.	alte Fractur.
Howse	4	Knochennaht	1malAnkylose ohne Eiterung bei Syphilitischem, 2-mal Beweglichkeit gut, 1mal gering und Refractur bei passiven Bewegungen.	alte, schlecht geheilte Fracturen.
Ol. Pemberton	1	Knochennaht	nach 3 Monaten gute fibröse Vereinigung, ausgiebige Bewegungen.	alte, schlecht geheilte Fractur.
Mac Cormac	1	Knochennaht, Durchschneidung des Quadriceps	Eiterung, Amputation, Tod an Septichaemie.	alte Fractur bei einem Potator, Diastase $3\frac{3}{4}''$, Function schlecht.
Lucas-Championnière	1	Querschnitt, Knochennaht, Anfrischung der Fragmente, 3 Silbersuturen.	Callus knöchern, nach 42 Tagen Gehversuch, Flexion fast 90^0, Hydrarthros.	alte Querfractur durch auf d. Knie fallenden Stein, handbreite Diastase, Gehen unmöglich.
Walsh	1	Knochennaht mit 2 Silbersuturen	nach 7 Wochen Beugung etwas behindert. Gehen gut	6 Monate alte Fractur durch Fall, Gehen unmöglich.
„	1	Knochennaht, untere Sutur durch d. Lig. pat., Fäden heilen ein.	nach 6 Wochen Flexion gut. Pat. kann aber nicht knieen.	frische Fractur durch Fall vom Dach.
Sydney-Johns	1	Knochennaht	Eiterung, Bewegung schlecht.	alte Fractur.

Jahr und Name.	Anzahl.	Eingeschlagene Therapie.	Erfolg derselben.	Bemerkungen.
Pye	1	Knochennaht	Vereiterung, An- kylose.	alte Fractur.
Bloxam	3	Knochennaht nach Lister.	1mal geringe Eite- rung, Callus 2mal knöchern oder straff, fibrös. Be- gungen ausgiebig.	—
Thomson	1	Knochennaht	Resultat gut	offene frische Frac- tur.
Pozzi	1	Querschnitt, Knochen- naht mit 2 eingeheil- ten Silbersuturen, Drai- nage	Callus knöchern, bei unvorsichtigen passiven Bewe- gungen Refractur, Fragmente halten aber durch d. Suturen zusam- men. Pat. geht und steht d. gan- zen Tag, ohne zu ermüden.	Querfractur durch Fall von hoher Mauer (beim Fluchtversuch aus d. Irrenhause); die ihn auffinden- den Polizisten zwingen ihn, noch ca. 400 m. zu gehen.
Lédiard	1	Knochennaht mit ein- heilendem Silberdraht .	Vereinigung fest, Gehen gut, Ar- beitsfähigkeit.	4 Tage alte Frac- tur, starker Häm- arthros, Dia- stase $\frac{1}{4}''$.
„	1	Querschnitt, Anfri- schung, 2 Silberdrähte heilen ein, Drainage, strenge Antisepsis.	Eiterung, Steifheit, nach 1 Jahr Flexion 90°	—
Royes Bell	1	Knochennaht	Eiterung, Ankylose.	alte Fractur.
v. Wahl	1	Längsschnitt, Anfri- schung, Knochennaht mit 2 Silberdrähten, Drainage	nach 1 Monat Geh- versuch im Gips- verband, nach 3 Monaten Flexion 110°	4 Monate alte Frac- tur, Diastase 3 Finger breit.
Page	1	Längsschnitt, Anfri- schung, Knochennaht, Sutur heilt ein, Drai- nage	nach 3 Monaten Extension 180°, Flexion 40°	17 Wochen alte Fractur, Gehen unmöglich, breite Diastase
?	1	gewöhnliche Behandlg.	Beweglichkeit gut	viermalige Fractur, 3mal rechts, 1mal links.
Verneuil	1	keine Punction, keine Sutur	Callus knöchern	Präparat einer di- recten Comminu- tivfractur.

Jahr und Name.	Anzahl.	Eingeschlagene Therapie.	Erfolg derselben.	Bemerkungen.
Verneuil	7	—	—	Atrophie des Quadriceps!
Macewn	2	—	—	1 mal Sectionsbericht.
Parson	1	lederne Schiene mit stählernen Seitenschienen u. Lederpolster über die Fragmente	Endresultat gut	Vorzug dieser Methode ist, dass Pat. d. Bett nicht zu hüteu braucht.
R. H. Bell	2	Malgaigne'sche Klammer	im 1. Fall keine Spur der Fractur mehr, im 2. Fall fester, fibröser Callus	Querfracturen; der 2. Pat. hatte vor 6 Jahren d. andere Pat. gebrochen, die mit 4″ Diastase geheilt war.
Turner	50	nicht ersichtlich, ob alle operirt sind	2 mal Tod, 13 mal Eiterung oder Ankylose od. Beides, 1 mal Operation aufgegeben wegen Unmöglichkeit der Adaption d. Fragmente, 1 mal Fragmente auf 1″ genähert, 1 mal Refractur bei passiven Bewegungen	sämmtl. 50 Fälle sind noch nicht publicirt gewesen.
Bryant	32	unblutige Behandlung nach d. verschiedensten Methoden	Sämmtliche Pat. konnten ihren Beruf wieder aufnehmen	Guy's Hospital. B. weist die Operat. zurück.
Maydl	1	Operat. v. Pat. verweigert	Extension bei horizontaler Lage d. Oberschenkels 60°	Diastase 6—10 cm.
„	1	Operat. v. Pat. verweigert	Vereinigung ligamentös, Extension unausführbar, Gang sehr behindert	Fractur durch Fall auf ebenem Boden, Folgen d. Behandlung durch Kurpfuscher.
Erichson	1	—	—	Refractur im oberen Fragment, von Maydl erwähnt.

Jahr und Name.	Anzahl.	Eingeschlagene Therapie.	Erfolg derselben.	Bemerkungen.
Jord. Lloyd	1	Durchschneidung d. Qua-driceps-Sehne u. d. Lig. pat., die Fragmente bleiben 1" entfernt	etwas extraarticu-läre Eiterung, Vereinigung liga-mentös, Beweg-lichkeit be-schränkt	alte, schlecht ge-heilte Fractur.
Larger	1	die 1., 2., 3. Fractur mit dem Boyer'schen Apparat behandelt, die 4. Fractur ohne Be-handlung	Gehen völlig nor-mal, ohne Hinken, Pat. geht seinem Beruf als Schläch-ter ungehindert nach	1846 Querfractur rechts, nach 4 Mo-naten Zerreissung d. fibrösen Callus, 1860 Querfractur links, 1862 Re-fractur links.
Rivington	1	Punction des Gelenkes, Malgaigne'sche Klam-mer, nach der Eiterung, Knochennaht	Callus knöchern, Gehfähigkeit gut	Querfractur
Mausell-Moullin	1	Knochennaht misslang wegen Unmöglichkeit der Annäherung der Fragmente, Operation aufgegeben	Resultat „nicht besser und nicht schlechter"	alte Fractur
1884. Fuller	1	Querschnitt, Knochen-naht mit 2 Silbersutu-ren, Drainage	Resultat gut	18 Tage alte Fract.
Bogdanik	1	Knochennaht mit 3 Sil-berdrähten, Hautwunde u.Kapselrisse mit Cat-gut, Entfernung der Drähte nach 6 Wochen, Gipsverband	Callus anscheinend knöchern, Flexion 60°. Pat. kann grössere Strecken ohne Stock gehen u. Treppen steigen	Fractur durch Fall (Querfractur ?).
Hinton	1	Knochennaht nach Lister	nach 6 Wochen gute Gehfähigkeit	frische Fractur.
Morris	3	Knochennaht	Erfolgreich	1 alte, 1 frische u. 1 wegen fungöser Gonitis durchsägt.
Morton	?	Knochennaht mit Bohrer	„ausgezeichnete" Erfolge	—
Stephan Smith	19	Operation	3mal mit Erfolg	Bellevue - Hospital, New-York.
(Steph. Smith ?)	5	Knochennaht	guter Erfolg	St. Vincenthospital.

Jahr und Name.	Anzahl.	Eingeschlagene Therapie.	Erfolg derselben.	Bemerkungen.
Sudbury	1	Basalschiene, elastische Züge, · Gewichtsextension	Resultat gut	s. Text S. 23
Sudbury	2	Längsschnitt, Knochennaht mit Silberdraht, Drainage	glatte Heilung	
Brunner	1	Schiene, Eis. Nach 10 Tagen Trélat'sche Klammer, nach 4 Woch. Gipsverband, Entfernung desselben nach 14 Tagen	Extension 180°, Flexion 90°, Gehen normal auf ebenem Boden ohne Hinken, Hemmung beim Abwärtsgehen	Querfractur durch Fall auf hartem Boden.
Brunner	1	Plan. inclin., Eis. — Gefensterter Gipsverband, Fragmente durch Einschieben von Watte genähert, nach 20 Tagen Abnahme d. Verbandes	Extension 170°, Flexion 150°, Berufsaufnahme nicht · möglich, Gehen ohne Stock. Treppensteigen schlecht	Querfractur durch Fall aus 30' Höhe auf ein Stück Holz.
Brunner	1	Hohlschiene, Eis; nach 11 Tagen Trélat'sche Klammer, nach 5 Woch. Wasserglasverband; Refractur ohne Behdlg.	nach der Refractur: Extension 160°, Flexion 90°, Gang völlig normal ohne Ermüdung, Diast. d. 3 Fragm. 2 u. 1½ cm	Querfractur durch Fall, 10 Wochen nach der Entlassung Refractur durch Fall, das obere Fragment brach.
Brunner	1	Schiene, Eis; Gipsverband, Wasserglasverbd.	Flexion wenig beschränkt	Querfractur durch Fall auf d. Kante eines Trittes.
Brunner	1	Gipsverband	nach 1 Jahre Knie völlig normal, keine Spur der Fractur	Querfractur durch Muskelzug beim Aufrichten, Pat. geht ohne Hilfe in seine Wohnung.
Labonne	1	Electrisiren des Triceps 2 Monate	Gehen fast ohne Hinken	alte Fractur, Diastase 4cm, bedeutende Atrophie.
1885. Brunner ·	1	Punction misslang am 2. Tage, Schiene, Eis; nach 10 Tagen Malg. Klammer (nach Trélat), Abnahme derselben nach 5 Wochen. Faradisation d. Quadriceps	Pat. geht ohne Stock den ganzen Tag mit gestrecktem Knie umher	Querfractur durch Fall vom Randstein des Trottoirs auf das Strassenpflaster

Jahr und Name.	Anzahl.	Eingeschlagene Therapie.	Erfolg derselben.	Bemerkungen.
Allingham	8	Gummi-Bandage,(sofort)	—	—
Stimson	2	Knochennaht mit Draht und mit Catgut	—	—
Mori	1	Knochennaht	—	Refractur.
Hjort	1	Knochennaht mit Silberdraht, Drainage, Immobilisation	nach 9 Wochen solide Vereinigung, Beweglichkeit etwas beschränkt	Querfractur.
Ceci 🖉	2	Knochennaht mit einem 4mal durchgezogenem Silberdraht	„Durchschlagender" Erfolg	—
Tilanus	8	Immobilisation, Fixation der Fragmente durch Binden etc.	Durchschnittlich: Dauer der Behandlung 5 Monate, active Flexion 83^0, passive 66^0; Diastase 2—4cm	—
Tilanus	6	kalte Compressen, elastische Binde, Massage des Quadriceps, gleichzeitig passive Bewegungen, nach 8 Tagen Gehübungen	nach 14 Tagen geht Pat. allein, nach 40 Tagen Entlassung mit vollständig hergestellten Functionen. Flexion activ 76^0, passiv 68^0; Diastase 0,7—2cm	—
1886. Baum	4	Volkmann'sche Sehnennaht	3mal ohne Schutzverband Auftreten möglich, Arbeitsaufnahme nach 5 resp. 6 Wochen; letzter Fall ?	—
Wagner-Königshütte	1	8 Tage lang Einwickelung in essigsaure Thonerde, Massage, dann Heftpflasterstreifen. Nach 6 Wochen keine Vereinigung. Malgaigne'sche Klammer in gefenstertem Gipsverband, nach 6 Wochen keine Vereinigung; Anfrischung, Knochennaht mit drei Suturen von stärkstem	absolut feste Vereinigung der Bruchenden, Flexion 90^0. Extension normal	Fractur durch Fall, Fragmente stehen handbreit auseinander

Jahr und Name.	Anzahl.	Eingeschlagene Therapie.	Erfolg derselben.	Bemerkungen.
Le Bec	1	Chromsäure-Catgut, nach 3 Woch. Gipsverband Knochennaht	Erysipel, Tod	6 Woch. alte Fract.
„ 1887.	1	Lagerung, Compression, Massage, Electricität	Callus fest, 1cm breit, Function gut	Fractur durch Muskelzug
v. Bergmann	10	Hochlagerung auf Holzschiene, bis zu vertic. Suspension, Gummibinden, später. Massage	„eine in jeder Beziehung gute Function"	—
„	1	Anfrischung, Knochennaht mit Catgut	Resultat gut, Vereinigung fest, Extension vollkommen, Flexion 90⁰	grosse Diastase, Fehlen jeder Extensionsbewegung.
„	1	Einschneiden der Quadriceps - Sehne und seitliche Umschneidg., Knochennaht, Knieschiene	Heilung gut. Das obere Fragment nach einigen Wochen nekrotisch ausgestossen, Flexion frei, Extension aufgehoben	Refractur, Zerreissung des fibrösen Callus.
„	1	Resection	Ankylose	Adaption d. Fragm. unmöglich
„	1	Querschnitt, zur Adaption der Fragmente Absprengung der Tuberositas Tibiae, Knochennaht mit dickem Catgut, nach 6 Wochen Massage d. Quadriceps	Callus knöchern, auch der Tub. Tib., Flexion unvollkommen, Extention gut	alte Querfractur bei einem Seemann durch Fall vom Mast, combinirt mit Fractur des Unterkiefers.
Hoppe (Löbker)	1	Stärkekleisterverband, Wattson'sche Schiene, Eis; später elastische Compression	nach 11 Wochen Gehversuche, nach 1 Jahr Function vollkommen, Schmerzen beim Knieen	Querfractur durch Fall u. Aufschlagen auf den Rand eines Eimers.
Rinne	1	Eis, Suspension d. Beines, Compressionsverband mit Flanellbinden u. hinterer Schiene, sofort Beginn der Massage u. der passiven Bewegungen. Peroneus-Lähmung g. n. zurück	Fracturspalt kaum zu fühlen, Gehen ungehindert, nach 9 Wochen Flexion 90 ⁰, Extension vollkommen und kraftvoll	Querfractur durch Fall aus 20' Höhe, Complication mit einer Lähmung des N. peroneus.

$\frac{1}{2}$

Die Unmenge von verschiedenen Methoden, die wir im Vorstehenden zusammengestellt haben, und die auch in der neueren Zeit noch von den verschiedensten, durchaus zuverlässigen Chirurgen gebraucht werden, sind ein Fingerzeig, — dass viele Wege nach Rom führen. Wie auch die sonstige Methode der Behandlung sein mag, jedenfalls ist der Gedanke von Tilanus ein, nach unserer Ansicht, ausserordentlich glücklicher, und wird die Massage des Quadriceps u. s. w. unter allen Umständen ein mächtiges, wirksames Beförderungsmittel zur Erhaltung der activen Gebrauchsfähigkeit des Gliedes sein, sei es, dass der Eine diese Methode als hauptsächlichste oder alleinige in den Vordergrund der ganzen Therapie stellt, sei es, dass er sie blos als Hilfsmittel bei einer der vielen anderen Methoden verwendet. Bei den ausserordentlich grossen Verschiedenheiten der einzelnen Querbrüche und sonstigen Umstände, welche bei dieser Verletzung obwalten können, wird man ein bestimmtes Schema für die Behandlung aller Fälle natürlich nicht aufstellen können, sondern man muss hier, wie überall in der Chirurgie, individualisiren und, je nachdem, die eine oder die andere Behandlungsweise einschlagen; aber, wir widerholen es noch einmal, die Behandlung durch Massage ist ein sehr wirksames Mittel für die Erhaltung des Bewegungsapparates.

Es ist mir eine angenehme Pflicht, am Schlusse dieser Arbeit meinen hochverehrten Lehrern, Herrn Professor Rinne für freundliche Ueberweisung des Themas und Hilfe bei Bearbeitung desselben, sowie Herrn Professor Helferich für gütige Unterstützung meinen ergebensten Dank zu sagen.

Lebenslauf.

Verfasser, Emil Rudolf Frank, geboren am 11. October 1859 zu Ramin in Pommern, besuchte, nach einigen Vorschulen, seit Winter-Semester 1868 das Gymnasium zu Prenzlau, wo er am 9. April 1878 das Zeugniss der Reife erhielt. Seit dem Sommer-Semester 1878 bis 1882 war er auf der Friedrich-Wilhelms-Universität zu Berlin immatrikulirt. Schwere Erkraukung zwang ihn das Studium auf einige Zeit auszusetzen, und war er erst wieder seit Winter-Semester 1883 auf der Universität Greifswald immatriculirt zur Vollendung seiner Studien. Am 26. Juli d. J. bestand er das Tentamen medicum und am 28. Juli das Examen rigorosum. Während seiner Studienzeit genoss er den Unterricht folgender Herren Professoren und Docenten:

Arndt, Bardeleben, Baumstark, Beumer, DuBois Reymond, Eichstedt, Fritsch, v. Giczycki, Grawitz, Güterbock, Häckermann, Hartmann, Helferich, Helmholtz, Hofmann, Krabler, Lassar, Leyden, Liebreich, Löbker, Mosler, Peiper, Pernice, Peters, Frhr. v. Preuschen, Reichert, Rinne, Schirmer, Schröder, Schultz, Strübing.

Allen diesen sienen Lehrern spricht Verfasser seinen aufrichtigsten Dank aus.

Thesen.

I.

Bei Patellarfracturen sind die Massage und frühzeitige Bewegungen indicirt.

II.

Bei fungösen Fussgelenksentzündungen sind atypische Resectionen den typischen vorzuziehen.

III.

Die Calomel-Einstäubungen bei Phlyctänen sind einzuschränken.

www.ingramcontent.com/pod-product-compliance
Lightning Source LLC
Chambersburg PA
CBHW021957190326
41519CB00009B/1303